# 敢想才有机会
# 敢干才会成功

**稀敏**
▶ 著

台海出版社

图书在版编目（CIP）数据

敢想才有机会，敢干才会成功 / 稀敏著. —北京：
台海出版社，2018.8
ISBN 978-7-5168-2026-1

Ⅰ. ①敢… Ⅱ. ①稀… Ⅲ. ①成功心理－通俗读物
Ⅳ. ① B848.4-49

中国版本图书馆 CIP 数据核字（2018）第 155965 号

敢想才有机会，敢干才会成功

著　者：稀　敏

责任编辑：俞滟荣　　　　　　　装帧设计：主语设计
版式设计：马文红　　　　　　　责任印制：蔡　旭

出版发行：台海出版社
地　址：北京市东城区景山东街20号　　邮政编码：100009
电　话：010-64041652（发行，邮购）
传　真：010-84045799（总编室）
网　址：www.taimeng.org.cn/thcbs/default.htm
E-mail：thcbs@126.com

经　销：全国各地新华书店
印　刷：天津中印联印务有限公司
本书如有破损、缺页、装订错误，请与本社联系调换

开　本：710 mm×1000 mm　　　1/16
字　数：156千字　　　　　　　印　张：16
版　次：2018年8月第1版　　　印　次：2018年8月第1次印刷
书　号：ISBN 978-7-5168-2026-1
定　价：45.00元

版权所有　翻印必究

# 梦想还是要有的，万一实现了呢?

"梦想还是要有的，万一实现了呢?"这是马云对一个粉丝的鼓励，现在也是很多人的座右铭。在这个崇尚成功的年代，想要做成一件事情，都要经历一个想和干的过程。无论什么事，最重要的第一步就是要敢想和敢干。

朋友的弟弟大学毕业，到上海打工。在上海漂了两年后，他竟连自己都养活不了。连续跳槽了五六家公司后，他决定回老家开始自己创业。弟弟将自己创业的想法告诉了朋友，朋友不置可否。

一个月后的一天，朋友约我一起吃饭，途中正好他弟弟来了电话，说自己很困惑，想跟朋友喝酒。朋友本来跟我有约，想推脱，可是朋友的弟弟却直接要了地址，奔了过来。

这是我第一次见他，他长得个子高高的，看起来很阳光。他礼貌地跟我打了招呼，之后就叫来了啤酒。

朋友问他:"不是说创业吗? 想好项目了吗?"弟弟说:"没有! 不敢进入啊! 我打听了一下，不管干哪行，多数都会失败。容易上手的项目，几乎没有。"

朋友接着说:"创业，肯定有失败，担心这个问题，那你什么事情都做不好。"弟弟说:"我想了想，实在不行就开家淘宝店。我有几个同学就做这个，已经有所发展。"

朋友点点头:"开家网店，也不错! 需要我帮什么忙，尽管说。"

弟弟拿起啤酒瓶子吹了一会儿，说:"唉! 网店虽然投入少，但你看看倒闭的有多少?"

......

听了他俩的谈话，我提出自己的建议："不管想做什么生意，都要有胆量，否则前怕狼后怕虎，什么事都做不成。"弟弟回答道："道理我知道。可是，我还是胆子小。我确实想挣钱，你看我这两年，什么事都没好好做，只能来我哥这里蹭饭。我也想创业，想多挣钱，可是总觉得不敢。"

听了弟弟的话，我无话可说了，心想：连这点儿胆量都没有，还敢创业？

朋友哥俩的谈话还在继续，但不管怎么说都是，一个是劝对方：想做什么就去做，不要瞎晃悠；一个则担心地回：自己也想做些事，但恐怕失败。我无话可说，找了个借口离开。

在离开的路上，我思绪飘了很远：在这个崇尚成功的年代，只要心有志气的人，都想靠着自己的努力做成一些事情、成就一番事业。可是，仅想就可以吗？当然不行！还要有胆，敢想、敢干。缩手缩脚，任何事都无法做成。

细细想来，每一个成功的人身上都具备胆识、勇气、敢于尝试、能够坚持、敢于冒险、有魄力、有毅力、不惧挑战、积极行动、踏实肯干等品格。他们用自己的经历告诉我们这样一个道理：敢想才有机会，敢干才能成功。因为敢想，所以梦想一直都在；因为敢做，所以成功并不遥远。

梦想还是要有的，万一实现了呢？本书由十个章节组成，为你打造获得成功的十大利器——胆识、勇气、尝试、坚持、冒险、魄力、挑战、毅力、行动、踏实，助你用精准的努力成为一个很厉害的人。相信你在读完本书之后，很快会掌握这些技巧，早日获得想要的成功。

# 目录 / Catalogue

## 第三章 尝试

### 不试，怎么知道自己行不行

## 第四章 坚持

### 不是成功来得慢，而是放弃得太快

## 第五章

# 冒险
## 不敢冒险，才是最大的风险

## 第六章

# 魄力
## 吾之所向，一往无前

第七章

## 挑战
### 经过逆境砥炼，方能被星光笼罩

第八章

## 毅力
### 这世界不好意思一直拒绝你

第九章

# 行动
## 上天没给的，我们自己给

第十章

# 踏实
## 全世界都会为你的努力让路

## 第一章

# 胆识

## 你若不敢想，一切都免谈

- 成功永远都与有胆识的人站在一起
- 机会，大多是给有胆识的人准备的
- 有胆识的人，往往更有智慧
- 成功路上，胆大之外更需要心细
- 瞎干是胆量而非胆识

# 成功永远都与有胆识的人站在一起

不敢见客户，怎么能谈成生意？不敢上舞台，怎么能成功演讲？不敢跟陌生人说话，如何扩大个人影响力？看到山陡，不敢向上爬；看到河宽，不敢迈进……如此，你也只能平平淡淡过一生。

很多人总是认为，只有有钱人才胆大，只有有钱人是财大气粗的，穷人就应该是胆小而自卑的，直到我看到一篇故事，才真正认识到了穷人的胆识。

从前在南山山谷有一间矮小的草屋，里面生活着一对贫困夫妇，男子名叫胡合萨，七年中都将自己关在屋里看书，对外界毫不关心。

一天，妻子含泪告诉他："你看看，咱们现在过的是什么日子。你读这些书有什么用？我一直都在给别人做衣服和洗衣服，却一件多余的衣服和裙子都没有。如今的口粮只够咱们吃三天，我们马上就要饿肚子了。"

听到妻子的话，胡合萨合上自己的书本，走到户外。他气定神闲地出了门，之后来到市中心。路上，他拦住一位绅士："您好，朋友。请问，谁是这城市里的首富？我想去找他。"

路人看了看他，鄙夷地说："贫穷的乡下人，你不知道博尤恩吗？他可是这里的百万富翁，他家连屋顶都是金光闪闪的。不要去，即使去了，人家也不会见你。跟他接触的都是有钱人，哪像你？"

胡合萨没有说话，顺着路人指示的方向，很快就来到了百万富翁的房子前。屋门正好是打开的，他走进大门，对主人说："尊敬的博尤恩先生，我是胡合萨。我想做生意，但没有钱，您能否借给我1万美元？"

坐在主人旁边的客人看到这一幕，露出鄙夷的神情。可是，主人却答应了他的请求，但提出了自己的条件："可以，我愿意借钱给你，但你得到阿松市场照顾一下委员会的商船。"

胡合萨很高兴，立刻答应："好的，先生！"

博尤恩接着说："只要承揽了阿松市场最大的委员会商船业务，就能得到你想要的金钱。"

胡合萨坚定地说："好，那我去照顾商船了！"

胡合萨走后，客人们都问博尤恩，为什么要把这么多钱借给一个陌生人？

博尤恩回答说："虽然他穿得很普通，但他站在我们面前，没有丝毫的耻辱或自卑，从他眼神中还能看到一种大无畏的精神。而且，他的声音很洪亮，是个有头脑的人，值得信任。钱能让一个男人成为卑躬屈膝的小人，他却是个大男人，我愿意帮这种人做大生意、赚大钱。"

故事里的胡合萨虽然是个穷人，可是有着超人的自信和胆识，结果就是靠着这一点，成功地取得了富翁的信任，最终实现了自己的价值。由此可见，一个人的胆识与他的个人财富无关，只与他拥有的才能和智慧有密切关系；真正有聪明才智的人，即使身无分文，也会通过自己的智慧，抓住机会，勇敢地走向成功。

自古以来，人们都在努力追求成功，小到工作的完成，大到事业的取得，都是成功的一种具体体现。可是，成功永远都跟胆识站在一起。胆大的人，就能获得大成功；胆小的人，只能获得小成功，甚至永远都无法成功。因为，成功只喜欢有胆识的人。

三国时期，诸葛亮上演了一出斗智斗勇的《空城计》，仅用了2000多士兵，就打败了司马懿统领的15万大军。1935年，毛泽东率领3万红军，四次穿梭于赤水河，多次被敌人围追堵截，都没有成功，这也是战争史上的一大奇迹。

诸葛亮、毛泽东虽然生活在不同时代，但仔细分析这些事件就能发现，他们都有着敢想敢干的胆识，他们的成功都源自个人的胆识，是胆识让他们创造了奇迹。他们用自己的行动证明：要想成功，必须要有胆识！

在对百位中国名企掌舵人的成长轨迹进行的综合调查中，也发现了一个结论：这些人不仅拥有超人的能力和智慧，还有担当、有胆识。

李嘉诚白手起家，从几百块、几千块投资开始创业。当年的香港，比李嘉诚有钱的人大有人在，比他穷的人则更多，但最终只有李嘉诚成了华人首富，受到人们的仰望和羡慕。李嘉诚的成功，离不开其过人的胆识和智慧。

没有胆识的人，自然无法把握机会，也不敢去尝试，更不会成就基业。很多人之所以一辈子碌碌无为，其中一个重要原因就是缺少一点胆识，做起事情来缩手缩脚。很多事情，做不出来、做不好，并不是不会做、不能做，而是因为他们不敢做、害怕做。循规蹈矩，亦步亦趋地跟在他人后面，自然无法获得机会。

井植岁男是日本三洋电机的创始人，经过自己和团队的不懈努力，企业发展越来越好。

一天，家里的园艺师对井植岁男说："社长先生，您的事业越做越大，我却还在原地踏步，毫无建树，您教我一点创业的秘诀吧！我也想多挣些钱。"

井植岁男看着这位在自己家里辛苦工作了多年的园艺师，说："行！你擅长园艺工作，在工厂旁边有两万平方米空地，咱

5

们一起种树苗吧。1棵树苗多少钱？"

作为一个园艺老手，对于这类价格，园艺师很熟悉，便脱口而出："40元。"

井植又说："我负责投资，拿出100万元购买树苗与肥料，你主要负责除草施肥。按照计划，只要辛苦照料三年，三年后，咱们就能得到600多万的利润，到时我们平分。"

看到井植岁男如此信任自己，园艺师很感动，可是他却果断拒绝了："生意这么大，100万哪！我不敢做。"

井植岁男没再说什么，园艺师依然留在他家负责栽种树苗，每月领取固定数额的工资，白白失去了致富的良机。

当井植岁男为园艺师提供机会时，园艺师却因为胆小而拒绝了。这种怯懦和胆小，让他与机会失之交臂。不难想象，如果当初园艺师抓住了机会，那会是怎样的一番场景？没有胆识的人，即使机会就在眼前，也抓不住。

所谓"胆"就是有"胆量，胆子"；"识"则是指一个人的知识、经验、能力和智慧。能够将财富聚集在自己身边的人，除了直接从父辈手中获得的，几乎都有胆量；只要看准了机会，他们就会大胆出手，即使偶尔会表现得非常谨慎，也是为了等待时机，并不是没有胆量。

有一则成功的公式：胆量+见识+运气=成功。胆识是成功的重要元素之一，没有胆识，即使运气再好，也无法将事情做好，无法取得成功。对于一个想要完成工作或成就一番大事业的人来说，胆识起着决定性作用。

敢想别人不敢想的，敢做别人不敢做的，就是胆识。社会生活是复杂的，成功之路是艰难的，总有很多问题和矛盾等着我们去解决，要想将这些问题处理好，就要有智慧、有胆识！

# 机会，大多是给有胆识的人准备的

　　要想获得成功，不仅需要付出艰苦的努力，还要有适当的机遇，能否把握住机遇取决于自我的掌控能力，而敢不敢去尝试则取决于有没有那份魄力和胆识。一定要记住：机会，是给有胆识的人准备的。

　　做任何事都会有风险，只有走出第一步，才能知道是否适合在这条道路上发展。面对机遇，犹豫不决或者瞻前顾后，只会让自己与成功擦肩而过。凡成大事者都有非凡的胆识，轮到自己出手时，他们会毫不犹豫；他们能抓住生活的关键，敢于尝试和实践，自然也就有机会取得成功和辉煌。

　　机会，只属于有胆识的人。没有胆识，毫无目的地奔跑，即使用尽了心力，也只能获得一点别人咀嚼过的残羹剩饭。

　　李海出生于农村，祖祖辈辈几代人都是农民。新农村建设中，村里很多年轻人都进城打工，或搞起了经济作物，日子一天天好起来。

看着往日的朋友都给家里挣了钱，李海也很美慕，可是他却一直都不敢离开家，不敢离开自己熟悉的传统的粮食种植。可是，他辛苦劳作一年，收获甚微，甚至还有些惨不忍睹。看到从城里回来的同龄人都开着自己的车子，在城里买了楼房，他很美慕，但还是不敢出去。

对于生活在今天的我们，相信很多人都知道：只有走出去，才能有机会；只有敢想敢干，才能抓住机会。看到昔日的好友都通过其他方式过上了好日子，而自己却不敢做，不仅原地踏步，甚至还被他人远远地抛在后面。

有胆无识的人，只能伤害自己，看起来拼尽了全力，结果也会适得其反；越有胆识，越能抓住机会。胆小怯懦的人只能当个默默无闻的鼠辈，只有有胆识的人，才能与机会亲密接触。

一次，一个胆小的灵魂来到天堂，他问上帝："上帝，我每天都想将事情做到最好，可是总是做不到，请告诉我到底做什么事最好？"

上帝看了看他，回答说："做人最好。"

灵魂心有疑虑，接着问："做人有危险吗？"

上帝立刻回答道："危险。"

灵魂又问："有什么危险？既然有危险，为何还要做人？"

上帝说："做人就要面对钩心斗角、造谣是非，甚至被伤害致死。"

看到做人有如此多的危险，灵魂决定："我不做人。"

上帝反问："不想做人，那你想做什么？"

灵魂讪讪地回答："我也不知道。"

上帝建议他做老虎、做植物，他都拒绝了。上帝对他失去了信心，冷冷地扔给他一张老鼠皮，说："你缺乏胆量，没有选择，只能把它披上！"

灵魂觉得这件事情好办，于是便把老鼠皮披在自己身上，最终成了一只目光短浅的老鼠。

无名鼠辈，自然无法成就大事。只有有胆识的人，才能抓住更多的机会。

20 世纪 30 年代，上海被称为"冒险家的乐园"，都说"上海遍地是黄金"，可真正敢去的人有几个？到 20 世纪 70 年代，改革开放时又流行着"不管黑猫白猫，抓到老鼠就是好猫"，可是真正舍得砸掉铁饭碗的人又有多少？世界对每个人都是公平的，所有的机会都只给一类人准备——有胆识的人。

把握眼前的机会，是你一生中最重要的事情。只有有胆识，才能大胆出击，才能抓住机会。

2015 年 10 月，女孩在网上搜索招聘信息时，看到了有家服饰公司招聘文员，便投了一份个人简历。很快便得到了公司回复，让她来公司面试。

女孩按照约定的日期，拿着学校推荐材料来到公司门口，此时这里已经来了很多人，有些甚至还是大学生。他们一个个端坐在那里，不停地看简历、背讲稿。

女孩一点也不紧张，因为她早已成竹在胸。在校时她参加过很多次演讲与模拟应聘，练就了自己的胆识与口才。轮到她进办公室面试的时候，她挺起胸膛，露出自信的微笑。

老总瞟了一眼她的学历，把资料推到一边，不屑地说："我们从来都没招过大专以下学历的员工。"她微笑地回答："如果您看完我的简历，可能会改变自己的想法。"

老总点点头，重新拿起资料，看完后，用犀利的目光望着她："你觉得自己有什么优势？"她依然是那么自信与从容，郑重地说："我今年刚18岁，没有大学文凭很正常。但我14岁就开始学习专业技能，从事社会实践，获得了一些相关经验，这足以证明我有潜力。"老总微笑着点点头。当天下午，女孩就接到公司的电话，她被录取了。

女孩凭着自信与胆识赢得了机会。机会是公平的，关键是你有没有胆识。敢于估计自己的实力，敢于超越自己的实力，不断提高自己的实力，就会迎接更多的机会。

马云曾说："你穷的不是口袋，而是脑袋！你穷不是没有机会，而是你没有胆量，没有抓住机会的心。你有什么样的心，你就有什么样的命。"遇到挑战的时候，没有胆识去面对，也没有胆量去挑战，即使具备了做这件事的所有条件，但缺乏做这件事的胆识，也会错失机会。

# 有胆识的人，往往更有智慧

善于做事的人，不会靠力量来争取，完全可以智取。"斗力"的结果，往往只能两败俱伤，即使勉强取得胜利，也会付出惨重的代价；只有跟对方的智慧做斗争，才能减少不必要的损失，才能在竞争中游刃有余。

汉朝有人为了博取皇帝的欢心，经常给皇帝讲笑话。皇帝每每被他逗得捧腹大笑，结果他在朝廷中混得游刃有余。史家都看不起他，叫他"弄臣"。这人就是闻名遐迩的东方朔。

有人说，东方朔是只会逢迎拍马的人，可是很多人都忽略了一个重要的事实：东方朔之所以能在皇帝面前保持热度，靠的是一种在官场生存的高明智慧。这种智慧是一种敢进善退的人生胆识。

汉武帝即位之初，广招天下有才能的人。东方朔有理想、有能力，没有错过这次大显身手的机会。他给皇帝写了一封用三千片竹简才写完的自荐书，重到需要两个人扛，文章的大意是："我 16 岁时的阅读量就达到 22 万字，19 岁就达到了 44 万字。如今已经 22 岁，身高九尺三寸，勇敢像孟贲，敏捷像庆忌，廉俭像鲍叔，信义像尾生。我这样的人，应该能做天子的大臣。"汉武帝读完这封自荐书后，立刻就让他在公车署中等待召见，东方朔为官的人生渐渐开启。

东方朔能够得到汉武帝的青睐，他确实是幸运的。可是，他的幸运又是合理的，为了抓住机会，他用一封自荐信，将自己的才华充分展现出来，在众多的有才能的人中脱颖而出，其智慧由此可见一斑。

经营大师巴菲特曾说过："榨出我一克脑汁，再加上 16000 元，就可以创造出 1000 万的价值。"成功开始于智慧，即使你胆子很大，但是没有智慧，也就是一个莽夫。对于希望成功的人来说，聪明的头脑比千万的资金更重要！

只有发挥个人的聪明才智，才能将事情做成，做得好的永远都是有头脑的；没有智慧或不肯动脑筋的人，自然无法将事情做圆满，从而与成功失之交臂。缺少技能，可以拜师学艺；缺少知识，可以求学问道；缺少金钱，可以筹借贷款；但没有胆识和智慧，就失去了取得成功的资本。

在意大利有个小村庄，村里曾经没有任何水源，只能依靠雨水过日子。为了解决饮水问题，村里人决定对外签订一份送水合同，让人每天将水送到村子里。

村里的两个年轻人接受了这份工作，一个叫布鲁诺，一个叫柏波罗，人们把合同给了他们。签订合同后，布鲁诺便立刻行动起来。每天奔波于十千米外的湖泊和村庄，肩挑着两只大桶，从湖中打水运回村庄，之后将其倒在由村民修建的一个大蓄水池中。为了保证村民需要用水时，蓄水池有足够的水供他们使用，每天早晨他都会早早起床。布鲁诺起早贪黑地工作，很快就开始挣钱了。虽然这份工作很艰苦，但他还是很高兴。

柏波罗呢？签订合同后，他就消失了，几个月中人们都没再见过他。看到没人跟自己竞争，布鲁诺感到很兴奋。那么，柏波罗究竟去哪了？原来，柏波罗做了一份详细的商业计划书，凭借这份计划书找到了4位投资者，联合大家，一起开了一家公司。六个月后，柏波罗带着一个施工队和一笔投资回到了村庄，花费整整一年时间，修建了一条从村庄通往湖泊的大容量不锈钢管道。

后来，看到其他有类似需求的村庄还有很多，柏波罗便重新制定了商业计划，开始向全国甚至全世界的村庄推销自己的送水系统，每一桶水他只赚10分钱，村庄每天都要消费几十万桶水，这样很多钱都流入了柏波罗的银行账户。

布鲁诺仍在拼命地工作，可是他的生意越来越不好做，开始为未来担忧。

故事中,布鲁诺和柏波罗都在努力,可是从最终的结果来看,聪明的还是柏波罗。布鲁诺虽然也通过自己的努力为百姓送去了水,让自己挣得了钱,可是一个人送的水毕竟有限,挣的钱也不多,跟柏波罗比起来,就小巫见大巫了。柏波罗发挥自己的聪明才智,制定了商业计划书,找到了合作伙伴,开了公司,研制了输水系统……看起来,获得收益的时间比布鲁诺晚一些,但却一劳永逸,还能够扩展到其他村落甚至全世界的村庄。这就是普通人和成功者的显著区别。两个人同样都努力,只不过因为采用了不同的方式,付出了不同的努力,取得了完全不同的结果。

你想做一件事,不妨首先问问自己:"我究竟是在修管道,还是在挑水?""我只是在拼命地工作,还是在聪明地工作?"一定要知道,成功仅拼命还不够,更需要聪明地工作、创造性地工作。

要卖力地工作,更要聪明地工作,这个道理也许每个人都明白,却很少有人会去实践。因为很多人都认为,工作量与成功关系密切——投入的人力、物力和精力越多,获得的成功就越多。可是,拼命工作不一定能给自己带来快乐和成就;只有用聪明工作代替拼命工作,才能多一些享受生活的时间,才能获得更佳的业绩。

美国著名行为学家皮鲁克斯在《拯救自己从思考开始》一书中写道:"依靠别人的赐予,无济于事;只有自己开动脑筋,才能拯救自己的行为。因为，在某种意义上说，脑力决定一个人的命运。"思考可以决定一个人的命运，成功的人肯定是善于思考的人。

佛瑞迪16岁暑假时，对爸爸说："爸，我不想整个夏天都向你伸手要钱，我想找份工作。"

听了儿子的话，爸爸感到很震惊，不过他很快恢复过来，说："好啊，佛瑞迪，我会想办法给你找个工作，可是恐怕不容易，你知道的，现在工作很难找，尤其是你才16岁。"

佛瑞迪解释说："你还没搞清楚我的意思，我并不是要你给我找份工作，我要自己找。还有，请不要那么消极，虽然现在工作不好找，但我还是相信，自己能够找到工作，有些人总能找到工作。"

"哪些人能够轻松找到工作？"父亲带着怀疑问。

佛瑞迪回答说："会动脑筋的人。"

之后，佛瑞迪就在"事求人"广告栏上仔细寻找，结果找到了一个适合自己专长的工作。广告上说，应聘者需要在第二天早上8点钟到达42街的某个地方。

为了提前面试，佛瑞迪没有等到8点钟，7点45分就到了面试地点。结果，这时候已经有20个男孩在办公室外排队等候了，他是第21个。

为了引起面试官的特别注意，佛瑞迪开始了一段令他感到痛苦而快乐的程序——思考。最终，他想出一个办法。他拿出一张纸，在上面写了一些文字，然后折整齐，走向秘书小姐，恭敬地对她说："小姐，请你立刻将这张纸条转交给你的老板，这非常重要。"

这位秘书已经在岗位上工作了6年，经验丰富，如果他是个普通男孩，她完全可以说："算了吧，小伙子。你回到队伍的第21个位子上等吧。"可是经验告诉她，眼前的男孩并不普通，浑身上下都散发着一种非凡的气质。

秘书收下了纸条，拿过来一看，不禁笑了起来。她立刻站起来，走进老板办公室，把纸条放在老板桌上。老板拿过纸条，看了一眼，看到纸条上写着："先生，我排在队伍中第21位，在你没有看到我之前，请不要做决定。"老板不禁哈哈大笑。最终，男孩得到了工作。

佛瑞迪之所以能够应聘成功，主要是因为很早就学会了动脑筋。会动脑筋思考的人，不仅可以发现问题，也能解决它。

不会正确思考的人——尤其是遭遇各种挫折以后，也就无法通过正确的思考方式发现并克服自我危机。要想取得事业的成功，就要运用智慧，灵活处理问题，不能僵化，不能人云亦云。

# 成功路上，胆大之外更需要心细

在很多人的意识里，成功者之所以能最终走向人生的顶峰，除了出众的能力外，最重要的还是胆大心细。胆大心细的人，做事一般都果断而周密。

胆大心细，既是人的一种性格，也是一种心理素质。一个人的成功，与胆大心细之间有着必然联系的；同样，这一特性也决定着一个人一生所能达到的高度。胆大心细，是做好工作、事业成功的助推器；缩手缩脚、粗心大意，什么事都做不成。

一位有名的物理学教授睡到半夜醒来，发现自己的实验室里依然灯火通明。他走进实验室，看到一名学生正在实验台前忙碌着。他走过去，关心地问："怎么这么晚还没休息？你现在做实验，白天都做什么？"

学生回答说："我白天也在做实验啊。"

教授稍微停顿了一下，说："我们固然要提倡勤奋精神，但令我好奇的是，你把自己的所有时间都花在实验上，用什么时间来思考细节问题呢？"

这位自以为学习勤奋的学生，将自己的所有心力都用在了实验上，却忽略了对于细节的思考。实验的目的只是为了发现细节问题，结果他却本末倒置。埋头苦干、积极投入，固然不错，可不懂得如何拿捏、盲目透支精力却是不必要的。胆大心细，才是真正的有胆识。成功者在行动之前都会认真观察细节，然后再去卖力工作。

刘永行1948年出生于四川新津，父母都是知识分子，早年参加过革命。1977年刘永行考入成都师专数学系，三年后回新津县当了一名教师，捧起了令人羡慕的"铁饭碗"。

1982年8月，刘永行和兄弟们决定辞职回乡创业。于是，拿着1000元钱，四兄弟开始了创业历程。经过五年的努力，他们兴建了西南最具规模的"希望饲料研究所"，开发出"希望1号乳猪饲料"，兄弟几个也由专业户变成了私营企业家。

1992年，在中国首届农业博览会上，刘永行兄弟的"希望"牌1号乳猪饲料获得金奖；同年，刘永行出任四川希望集团的董事长。在刘永行的带领下，一年后"希望"进入上海市场，成立了希望集团的分公司。

几年之后，四兄弟分家。之后，刘永行兢兢业业，在上海浦东建立了集动物饲料、食品、生物制品等科研和生产于一体的全国大型民营企业——"永行"企业，下辖三大集团，共 62 家公司。一年后，刘永行以 10 亿美元的资产总额荣登《福布斯》中国富豪排行榜第 2 名。

每个成功者的脚下都要踩踏许多条交错往复的路，能不能让自己踏上成功之途，关键在于自己有没有胆识，更在于是否关注细节，是否胆大心细。

关注细节的人，往往也是最善于思考的人，他们能发现常人发现不了的问题。一旦将这些小问题解决掉，也就获得了成功的可能。切记：任何成绩都是由一个个的小细节组成的！

艾柯逊是世界有名的经营奇才，他善于经营，是个非常有头脑的商人，1921 年的奥地利之行，让他步入了自己的光辉人生路。

一天，艾柯逊在奥地利街头闲逛，忽然想要写点东西，便信步走进一家文具商店，打算买一支钢笔。可是一问价格，令他大吃一惊，因为一支在美国标价几英镑的钢笔，在这里被卖到将近 30 英镑。

有了这样的意外发现，艾柯逊感到异常惊喜，立刻就对奥地利市场进行了一番详细、周密的调查，结果发现了导致钢笔价格昂贵的根本原因：当时奥地利只有一家钢笔厂，由于受到战争的影响，生产能力有限，缺少货源，物以稀为贵，钢笔价格自然会居高不下。

艾柯逊立刻决定，在奥地利投资办钢笔厂。他直接找到当时的维也纳政府，诚恳地游说："政府已经制定了政策，要求每个公民都得学会读书和写字，可是，没有钢笔怎么行？我想生产钢笔，请给我颁发执照。"

要求得到批复后，艾柯逊就立刻开始筹划。他去了德国历史最悠久的钢笔名城，因为那里集中了许多著名的钢笔生产厂家，掌握着制作钢笔的秘密技术。

艾柯逊花重金买通了一家工厂的一位技术骨干，让这位技术骨干以到瑞典度假为名，召集了一批技术工人，悄悄来到奥地利。投产后 8 个月，就生产出上亿支钢笔，当年就创造了上百万英镑的利润。到 1926 年，工厂生产的钢笔不仅满足了奥地利市场，还先后出口到美国、中国、土耳其等十多个国家。

艾柯逊之所以能够取得最后的成功，主要就是因为他注意到了一个细节——奥地利钢笔很贵。正是依靠小小的钢笔，依靠敏锐的思维和高效率的行动，他在奥地利的土地上赚取了上百万英镑，最终成了世界名人。成功钟爱胆大心细的人，艾柯逊就是凭借对细小事件的观察和探究，才闯进了一条与众不同的路，在世界商界创造了一个奇迹。

任何事情的成功，都是由细节组成的。只要将小事做好了，大事也就有了完成的可能。因此，在走向成功的过程中，不仅要胆大，还要心细。

# 瞎干是胆量而非胆识

虽然我们鼓励人们要有做事的胆量，可是需要的是巧干，而不是蛮干。毫无目的地瞎干，只会费力不太讨好。

在我国历史上，楚霸王项羽非常有名，他骁勇善战，具备以一敌十的勇气。可是，最后勇猛的项羽只能孤身一人在乌江边自刎，着实可悲可叹。项羽确实是一个有胆识的人，有一身好力气，可是他不善于研究兵法，不接受谋臣的劝阻，只知道一味拼杀，毫无纲法。他的悲剧大部分是因为，只会蛮干，不懂用智，结果只能败给刘邦。

刘邦用自己的故事告诉我们，不管做任何事，都不能瞎干，而应学会巧干。知己知彼，方能百战百胜。就像是用钥匙开锁一般，只要搞清楚锁的内部构造，使用正确的方法，才能轻易打开。方法错了，不管使用多大的力气，都无法打开，甚至还会将锁毁掉。

在我国历史上，发生过许多以少胜多、以弱胜强的战役，最令人津津乐道的当属"火烧赤壁"。

在这一战役中，曹操来势汹汹，而诸葛亮和周瑜却认真分析了曹操不善水战的情况，采用连环计、苦肉计等，巧借东风，最终取得胜利。

做事情之前要多思多想，不了解情况时，绝不能轻易下结论。成功的秘诀很简单，就是善于动脑筋，用智慧解决问题；固然要有胆，但不能瞎干。

一个知名企业的老总经常对员工说："我们的工作不需要耗费体力和浪费时间，而是要带着大脑去工作，要巧干，而不是蛮干。"也就是说，要勤于思考，善于动脑分析问题和解决问题，找出巧妙的解决办法，不能一味出蛮力；不论工作多繁忙，都要腾出时间来思考，找出最省力最有效的方法和方式。

周勇毕业于一所普通高校，应聘到一家公司，看起来才智平平，没有什么特别之处。可是，了解他的人都知道，每到一个新单位，他的发展总比其他人顺利一些。

周勇清楚地知道，勇气和耐心会比埋头苦干更有效。从参加会议的第一天开始，他就积极发言，给领导留下了良好的初步印象。当其他新员工埋头苦干、分不清办公室里谁是谁时，周勇已经掌握了很多老员工的大致情况。结果，进公司不到一年，他就当上了办公室副主任。

通过这个事例不难发现，埋头苦干不如巧干，要想取得成绩不能瞎干。即使没有特殊的专业技能，也可以做个像周勇一样的有心人；即使自己没有掌握超群的能力，只要保持积极的工作态度，也能迅速攀登上职业高峰。

任何工作都不是一成不变的，应对不同的境遇和问题，就要因时因地制宜，做出不同的决策。按科学规律办事，用理智战胜冲动，才能用巧干代替蛮干。这也是成功的捷径，不能深刻理解这一点，只能事倍功半！

在电视剧《射雕英雄传》里有这样一个情节：黄蓉不小心被一个大海蚌夹住了脚，做了很多努力，都没有掰开。最后，她抓起一把细沙放到蚌壳里，蚌壳居然自己打开了。原因何在？因为蚌最怕的就是细沙。

巧干是一种分析判断、解决问题和发明创造的能力，会巧干的人一般都敏锐机智、灵活精明，更会充满活力、随机应变。所谓的巧干就是，抓住事情的关键，找到有针对性的方法。如此，既可以减少工作量，还能达到事半功倍的效果。知识经济时代就是巧干升值的时代，仅有胆量是不够的。

一天，一个年轻人来到一家伐木厂，应聘伐木工。老板看他身强体壮，觉得他适合这份工作，就答应了。

第二天，年轻人很早就起床，来到工厂。当天，他一共砍伐了20棵树。老板看到他的成绩，夸奖他说："不错，今天你伐的木材最多！"

第三天，年轻人起得更早，当天一共砍伐了 17 棵树，老板说："17 棵，也是今天所有工人中最多的。"

第四天，年轻人起得更早，结果最后只伐了 15 棵树，老板说："15 棵，仍然是最多的。"

年轻人感到很疑惑：我每天都比前一天早起，为什么数量会逐渐下降呢？

老板问："你有没有磨过自己的斧头？"

年轻人明白了，原来是因为斧子钝了，才导致每天伐木数量越来越少。

故事中的年轻人长得人高马大，确实适合伐木，可是要想提高伐木质量，仅靠体力是不行的，还需要借助巧力。既然敢于应聘，说明年轻人的胆子确实不小，可是他却忽视了一点：不管你再有劲，斧头钝了，也是无法伐木的。这里的斧头，就是"巧"之所处。

巧干，是成功的必要条件，在具备了其他条件的基础上，瞎干、蛮干，只能让自己陷入被动。那么，如何才能培养巧干的能力呢？首先就要转变思维方式，比如：

爱岗敬业。要想实现自己的梦想，就要以职业态度来对待自己的工作，把工作当成乐趣而不是负担。一旦对工作充满了喜爱，就会在不断的思考中找到解决问题的方法。

善于收集资料。要想提高做事效率，就要不断收集与所做事相关的信息资料，需要用时，信手取来，很是方便。

多做逆向思考。遇到问题，一时找不到解决方法时，要做些逆向思考，拓宽眼界，探索出解决问题的方法，找出问题的关键，取得出人意料的效果。

站在对方的立场看问题。在考虑解决问题的方案时，站在他人的立场去思考问题，有利于彻底地解决问题，也更容易赢得别人的信任。

善于总结。巧干，就要不断地对问题进行归纳和总结，找出事物之间的规律并运用它，达到事半功倍的效果。

## 第二章

# 勇气

## 身处泥泞，依旧能仰望星空

- 勇气，是面对挫折时体现出来的无惧
- 勇气，是面对难题时体现出来的无畏
- 勇气，是面对困境时体现出来的无怯
- 有勇气的人，心中必然充满了信念
- 有勇气的人，更敢于追求自己的想法

# 勇气，是面对挫折时体现出来的无惧

在生命的道路中，有挫折也有坎坷，它们会推着你不断前行。在行走的过程中，如果突然有一条河横在你面前，而成功就在彼岸，怎么办呢？只要不害怕，勇敢一些，就能顺利蹚过去。

桑兰，是我国著名的体操运动员，被誉为中国的"跳马王"。可是，参加美国纽约第四届友好运动会时，桑兰进行赛前训练，做了一个手翻转体动作，结果发生失误，从器械上掉下来，她的体操生涯至此结束。可是，即使离开了赛场，她依然很"著名"，甚至比过去还要"著名"，原因何在？因为她的精神、毅力和微笑。

桑兰的伤势很重，为了取得最佳的治疗效果，医疗专家经过研究，为她设计了最佳的治疗方案。在病床上苏醒后的桑兰，得知自己的情况，没有自暴自弃；面对公众的目光，或关心，或同情，微笑一直都浮现在她的脸上。那一年，桑兰只有 17 岁，可是这样一个小女孩却用自己的勇气和毅力征服了整个世界。

　　桑兰一直积极配合医生的治疗，经过紧张的十个月的治疗后，伤情基本稳定下来，桑兰回到祖国，进入中国康复研究中心接受康复治疗。跟此前的住院治疗比较起来，康复治疗的时间更长，更加考验一个人的毅力，可是桑兰坚持了下来。

　　桑兰认真配合医护人员进行治疗，虽然过程非常痛苦，但她的生活自理能力逐渐提高，从自己穿脱衣物，到独立进食、学习英语、操作电脑……

　　在康复中心接受完治疗后，桑兰进入中国著名学府——清华大学附属中学，成了一名中学生，努力学习文化知识。她不仅投身于公益事业，还用自己的实际行动诠释了自己的存在价值。虽然她曾多次遭受不良人士的诋毁，但她都显示出了无畏的勇气。

　　桑兰，简直就是"无惧者"的代名词。当昔日的"跳马王"受伤的那一刻，就注定了她生活的颠覆。可是，面对挫折，她没有哭泣，也没有抱怨，而是用阳光般的心态来积极面对。她先后掌握生活自理能力、学习能力，继而进入中学成了一名中学生；甚至还积极从事残疾人事业，为智残儿童募捐……她的这种对挫折的无惧，值得我们每一个人学习。


　　《孟子·告子下》有言："天将降人任于斯人也，必先苦其心志，劳其筋骨，饿其体肤，空乏其身……"挫折，是我们的人生旅途中无法绕过去的驿站，是成功道路上必须爬过去的山峰，只有不怕挫折，鼓起勇气努力奋斗，才能具备过硬的素质，看到辉煌的希望。

在奥运会历史上，有一位最伟大的女子短跑运动员，她就是威尔玛·鲁道夫。很多人听说过她的名字，但了解她的人却不多。但只要是了解她的人，都会被她身上散发出来的勇气所折服。

小时候，威尔玛·鲁道夫患了小儿麻痹症，影响到个人发育。11 岁前，鲁道夫不能站起来独立行走，即使是穿上铁鞋，有一只脚也只能勉强跟着别人走，其他孩子嘲笑她，但她毫不理会；11 岁那年，她尝试着脱掉铁鞋，光着脚，跟朋友们一起打篮球，摔倒了无数次，最终都站了起来；到 12 岁时，她已经完全不用依赖铁鞋了。

双脚灵便后，鲁道夫逐渐显示出了自己的运动天赋，经过 4 年的努力，她成功进入美国 1956 年墨尔本奥运会短跑代表队。她跑步的时候，姿态轻妙，步伐协调，意大利人都叫她"黑羚羊"，第一次参加奥运会，她就摘取了铜牌；1960 年，鲁道夫参加罗马奥运会的田径赛事，独揽 3 块金牌。

鲁道夫虽行动不便，可是她并没有在人的嘲笑中自暴自弃，而是努力学会了自由走路；在运动天赋突显出来后，她更是勇往直前，为国家赢得了很多荣誉。对于鲁道夫来说，疾病是一种挫折，训练的失败也是一种挫折，可是她都没有放弃自己，她用一种无所畏惧的精神面对着各类苦难和问题，采取积极的方法，坚持锻炼，最终成就了自己。

挫折是什么？

失败说：挫折是成长之路上永远翻不过的大山，因为翻过一座山，还有更多的山在等待着我们。

懦弱说：挫折是成长路上的荆棘地，走上去，只能将自己扎得遍体鳞伤。

沮丧说：挫折是被击倒后的眩晕，遇到了就会失去信心，就会迷失前进的方向。

站在挫折的尾巴上，望着前面未知的路，很多人都会感到害怕。其实，走自己的路，别去管别人怎么说吧！不管成长路上有多少挫折，都要勇敢走下去，都不能胆怯，因为只有挫折才能让你成长！

# 勇气，是面对难题时体现出来的无畏

在我们的一生中，会遇到很多难题，学习难题、工作难题、生活难题……优秀的人都会用极大的勇气来面对。他们无畏这些难题，而会积极想办法，将所有的难题都解决掉。

人生犹如未被打磨的石头，各类难题则是一把雕刻刀。战胜了这些难题，就能使用这把刀，在石头上刻出属于自己的图案。然后发现，石头也可能是被泥土包裹的钻石。

1924年，美国家具商尼科尔斯家里发生大火，由于火势太大，所有家具都被烧毁，只剩下一堆烧焦的松木。

尼科尔斯看着眼前的一切，整颗心都沉到了极点。他环顾四周，突然发现，烧焦的松木都样式独特、木纹漂亮。他从地上捡起一块玻璃片，刮去烧焦的部分；之后，取出砂纸，将松木打磨光滑；最后，涂上清漆，眼前便出现了一种温暖的光泽，红松特有的漂亮纹理清晰地出现在他的眼前。

尼科尔斯将这些木料用于家具制作，很快就生产出了仿木纹家具，受到了人们的热切欢迎。如今，这套仿木家具仍收藏在纽约美术馆中，被传诸后世。

当家园被烧毁后，尼科尔斯面对的最大难题就是，家具被烧毁，往日的投资付之一炬，如何才能将损失减少到最小？面对这样的难题，尼科尔斯没有灰心失望，而是以最积极的思考、最乐观的精神去支配自己的心态，靠着敏锐的观察力，发现了烧焦松木的秘密，最终发明了仿木纹家具，继而大获成功。如果他悲观消极，眼里只看到不幸，也就无法抓住机遇，不会得到成功的垂青。

敢于用无畏的态度驾驭难题，再努力寻找解决难题的方法，就能从中发现机会，看到成功的曙光。俗话说："时间顺流而下，生活逆水行舟。"人的一生，总会遇到各类难题，既然难题不可避免，就不该逃避、不该抱怨，应该以坦然、乐观的态度对待，培养不畏难题的精神。

难题并不可怕，可怕的是不能以无畏的态度面对。在难题中倒下的人，并不在于难题本身，而是因为他们对这些难题产生了畏惧心理，悲观消极，缺乏战胜难题的勇气和信心，没有坚强的意志。

在小说《鲁滨孙漂流记》中，鲁滨孙被困在孤岛上，进退无路、悲观失望，为了摆脱这个难题，他就开始想办法自救，努力与大自然斗争，历经 18 年，终于得到救援，平安回到了自己的祖国。同样，《老人与海》中的主人公桑迪亚哥，面对着凶猛的鲨鱼，他拖着疲惫的身体与之进行了不懈的反抗，最后取得了胜利。这些人物虽然是小说虚构出来的，但他们的精神却是真实的，足以震撼人心。

勇气是面对难题时体现出来的无畏。难题就像一座大山巍然屹立，只要具备大无畏的精神，并坚持不懈地努力，就能跨越；难题就像一块原本粗犷的玉石，想让它变得熠熠生辉，就要用你的无畏和毅力去雕琢、去磨炼。

俄罗斯有位美丽的妇女，她长相靓丽，惊艳四方。在西伯利亚的一个小镇上，她一个人一过就是三十年，而丈夫一直都在彼得堡工作。终于有一天，她准备到彼得堡与丈夫团聚。

她曾经跟丈夫商量妥当，想在彼得堡开家美容店。于是，她变卖了所有家产，孤身一人来到彼得堡。可是，她刚走出车站，就发现钱包丢了。那可是她的全部家当啊，她一下子蒙了，几乎被这突如其来的灾难击垮。

妇女简直就要急哭了，眼看泪水就要夺眶而出，她忽然想道："哭了又能怎么样？事情已经发生，哭泣只会让自己美丽的脸迅速衰老，钱毕竟是身外之物，还可以再挣回来。"想明白了这一点，她便微笑着走出了车站的大门。她一眼便看到了在人群中等待的丈夫，朝丈夫从容地走过去。

跟丈夫团聚后，她说明了情况，丈夫什么话都没说。没过多长时间，他们就借款开了一家美容店，妇女那张美丽的脸则成了最好的美容广告。因为很多顾客都认为，拥有如此美丽脸庞的女人，美容技艺一定不错。后来，他们的美容店生意兴隆，财源滚滚。

在人生中，每个人都会遇到难题，心灵受到打击，就会变得心灰意冷、丧失自信，可如果用无畏的精神去面对，就会拥有更多的机会。难题也是一种成长的机会，解决掉了，就能向更好的阶段迈进。

纵观历史，成功者面对难题，都会采用下面的七种态度：

1.勇敢面对。生命掌握在自己手上，勇敢面对生活中的难题，就能活出自己的精彩。

2.积极解决。难题并不是一个不可解答的问题，只要积极从中找出问题的症结并克服掉，它就不再是难题。

3.接受挑战。不要害怕难题，要把难题当成家常便饭。弄懂它时再回头看，自己也会成长很多。

4.正面思考。遇到不平的遭遇、被交派棘手的任务、不喜欢的客户，主动思考，便可拥有一个正面的人生。

5.拥抱改变。改变应对难题的心态，把难题当成是希望来临之前的曙光，就会收获意想不到的好结果。

6.努力进取。只要肯学习，肯努力，肯吃苦，一定可以取得胜利的果实，闯出属于自己的一片大地。

7.坚持到底。任何人都无法逃避难题，勇敢面对，才是对自己的人生负责。

# 勇气，是面对困境时体现出来的无怯

人生不如意之事十有八九，生活中遇到各种困难和障碍都是成功之前的常态，只有化危机为机遇，才能创造美好人生。面对困境，不怯懦，才能成就真实的自己。

人生之路不可能都一帆风顺，关键是怎样去看待困境。把困境看作是上帝赐给你的雄壮美景，也就没有了"困境"。不要因为困境而结束你的旅程，要记住：这是老天赐给你的别样景致，整天都风平浪静，也就没有了乐趣可言。勇敢面对，才能微笑着把船开到彼岸。

有一家只有几百人的小公司，主要从事加工出口贸易，经过大家的一致努力，公司业绩一直都不错。后来，面对突如其来的金融风暴，却显得有些猝不及防。

公司中层唉声叹气，员工更是人心涣散，工作劲头大不如前，许多人都做好了回家的准备，公司老总也如热锅上的蚂蚁急得团团转。可是，考虑到这毕竟是自己一手打拼起来的事业，不能这样轻易放弃，老板决定先从管理层抓起。

这天，工厂召开了全公司管理层会议。会上，老总没有谈严峻的形势和公司的现状，先给大家讲了一个故事：

"有位老船长年龄大了，选了一位年轻船员当新的船长。年轻船长雄心勃勃，打算大干一场，多挣些钱。

"这天，年轻船长正要出海航行，老船长叫住他，从衣兜里掏出水笔和纸条，写了一行字，递给他，说：'入海后，遭遇黑风暴是很平常的事。要想让全船转危为安，关键时刻你要站到船头最危险的地方，将这个纸条掏出来打开，大声读几遍。'

"年轻人以为里面有什么救人的秘诀，打算打开，老船长制止了他：'不要现在打开！'年轻人的心里充满了疑惑，但他依然决定听从老船长的嘱咐。

"轮船在海上航行了一段时间，果然遇到了风暴。汹涌的海浪遮天蔽日地向轮船袭来，轮船上全员进入戒备状态。经验告诉他们，遇到这样的大风暴，是不可能逃脱的。想到自己命不久矣，一个水手沮丧地说：'我可不想死，我还没结婚呢。'顷刻间船上的船员都陷入了对未知的慌乱中，都在想着如何逃生。

"这时候，年轻船长突然想到了老船长的话。他顶住巨浪，不惜冒着生命危险，冲到船头，站在全船最危险的地方。他站直了身子，镇定地掏出纸条，展开来，大声读起来：'大家不要慌，港口就在前方！'他不断地重复着，慌乱的局面逐渐缓和下来。"

讲到这里，老总顿了顿。与会者陷入了嘈杂的议论中，有人甚至还在小声嘀咕着："都什么时候了，还有心思讲故事，不听后面的也知道，这艘船最后一定被风浪掀翻了……"

老总似乎没有听到人们的议论一般，喝了一口茶，接着讲道：

"很快，船员就安静下来，大家坚持在自己的岗位上，听从年轻船长的统一指挥，再也没有人想着逃命了。为了冲出黑风暴，大家拧成一股绳，一个多小时后，风暴终于过去。

"这次风暴来得迅猛，海上的很多船只都没有幸免，海面上漂浮着很多船只的断壁残垣，只有他们的船一点都没有损伤。

"靠岸后，年轻船长找到老船长，讲述了海上发生的一幕，说：'谢谢你送给我那句话！可我不太明白，为什么那句话能发挥如此巨大的作用？'

"老船长笑了笑，说：'其实，黑风暴并不可怕，如果不幸遇到，只要努力划桨，及时调整帆的航向，认真掌舵，大家齐心协力，镇定自若，完全能够冲出风暴。'"

老总的故事讲完了，会议室鸦雀无声。老总看了看大家，接着说："目前，公司就像这艘正在经历黑风暴的船，慌乱了脚步、动了心性，公司很快就会被风暴掀翻。我们的前面充满希望，只要大家联合起来，同心协力，就能一起摆脱这场危机。"

老总话音一落，会议室就爆发出了热烈的掌声。这次会议之后，公司里的抱怨声逐渐减少了。决策层关注形势变化，调整战略方向，制定了可行性目标，各部门管理者积极发挥自己的带头作用，员工努力工作……终于成功经受住了这次危机的考验。

不可否认，老板讲述的故事中，船只不是被风暴摧毁的，而是被风暴带来的恐慌和混乱摧毁的。在困难面前，可怕的不是困难，而是由此带来的信心丧失、斗志全无。困难、挫折、危险并不可怕，关键是有没有信念、有没有精神、有没有希望。

每个人都会遇到困境，虽然注定了要靠劳动、工作来维持生活，要品尝人间各种离合悲欢，但我们却有机会欣赏这鸟语花香的世界，用智慧体味人间苦乐的真谛，用心情领略人间的爱心、善良和同情。总之，跟付出的代价比起来，战胜困境得到的收获往往会更大。

一个10岁的少年，母亲因病去世，父亲是个长途汽车司机，经常不在家，无法为他提供正常的生活所需。自从母亲过世后，少年就自己洗衣、做饭，并照顾自己。可是，老天爷并没有特别关照他，当他17岁时，父亲不幸车祸丧生，从此少年没有了依靠。

噩梦似乎还没有结束，在少年走出悲伤、开始独立养活自己时，在一次工程事故中失去了左腿。可是，一连串的意外与不幸，反而让少年养成了坚强的性格。他独自面对随之而来的生活不便，学会了拐杖的使用，即使不小心跌倒，他也不愿请求别人帮忙。

后来，少年拿出所有的积蓄，开了一个养殖场。但老天爷似乎存心与他过不去，一场突如其来的大水将他最后的希望夺走。少年实在忍不住了，气愤地来到神殿前，怒气冲天地责问上帝："你为什么对我这样不公平？"

上帝听到责骂，平静地反问："哦，哪里不公平呢？"

少年将自己的不幸一五一十地说给上帝听，上帝听了少年的遭遇，说："原来是这样，你的确很凄惨，那么，既然如此，你为何要活下去？"

少年听到上帝嘲笑他，气得颤抖地说："我不死，我经历了这么多不幸，已经没有什么能让我感到害怕的，总有一天我会靠自己的力量创造出自己的幸福。你就看着吧！"

这时，上帝转身朝向另一个方向，温和地说："你看，这个人生前比你幸运得多，一路顺风地走到生命终点，不过最后的遭遇却跟你一样，在那场洪水里，失去了所有的财富。不同的是，他最后绝望地选择了自杀，而你却坚强地活了下来。"

或许，从出生时哭出了生命中的第一声时，我们就已经感受到，人生必定充满了泪水与艰辛，可是也只有这些困难，才能突显出生命的可贵与不凡，让我们在撒手人寰时笑着离开。许多人的命运都像少年一般，经历了种种痛苦与磨难，但最后的结果会有所不同：勇敢面对，就能收获希望的曙光；胆小怯懦，终将一事无成。

每个人承担困难的程度不同，只有经过磨难的生命，才能迸发出坚强的力量。因此，要想让自己的生命不平凡，就要耐心忍受困境的磨砺。

收获人生意义的人，一般都不喜欢平稳凡庸的生活，他们敢于尝试困难的、冒险的、有内容、有意义的生活。因为他们知道，克服了困难，渡过了险境，才能品尝到人生的真味，才会真正懂得人生的苦乐。

几年前，四十多岁的米·乔伊遭遇公司裁员，失去了工作。为了维持一家六口的生活，他不得不外出打零工，经常是吃了上顿没下顿，有时甚至一天连一顿饱饭也吃不上。

为了找到高酬劳工作，米·乔伊一边外出打工，一边求职，可是所到之处都将他拒之门外，理由不外乎：年龄大、单位没有空缺。可是，米·乔伊并没有灰心，他看中了离家不远的一家建筑公司，便向公司老板寄去第一封求职信。信中，他并没有吹嘘自己如何能干、如何有才，只提出了自己的要求："请给我一份工作。"

公司老板收到这封求职信后，问了人事部经理，得知没有空缺职位，便让下属回信告诉米·乔伊"公司没有空缺"。可是，米·乔伊收到回信后，没有灰心，又给公司老板写了第二封求职信。这次他依然没有吹嘘，仅在第一封信的基础上多加了一个"请"字："请请给我一份工作。"接着，米·乔伊又给公司寄去两封求职信，每封信都没有谈自己的具体情况，只在信的开头比前一封信多加了一个"请"字。

结果，米·乔伊一写就是三年，一共写了500封信，在500个"请"字后是"给我一份工作"。看到第500封求职信时，公司老板再也沉不住气了，亲笔给他回信："请即刻来公司面试。"面试时，老板告诉米·乔伊，公司安排他去处理邮件，因为他写信最有耐心。

这件事慢慢传播开来，当地电视台的一位记者知道这件事后，特地登门对米·乔伊进行采访。记者问他，为什么每封信都只比上一封信多加一个"请"字。米·乔伊平静地回答："很正常，我想让他们知道这些信都没有复制，是我重新写的。"记者又问这位老板为何最后录用米·乔伊，老板幽默地说："看到一封信上有500个'请'字，你能不震动吗？"

对于一家之主来说，失业确实很不幸，但最不幸的还是长时间找不到理想的工作。面对失业的困境，米·乔伊没有气馁，没有灰心，而是努力地寻找工作。好不容易找到了心仪的公司，可是人家不招聘，于是他开始了漫长的等待。结果，这一等就是三年。在这三年的时间里，他没有否定自己，而是一边工作，一边用信件述说着自己对该公司的倾慕和忠心。于是，当500封信放到公司老板手里的时候，老板被感动了，不为别的，只为这份坚持，这份面对困境的勇气！

俗话说：吃得苦中苦，方为人上人。这里的"人上人"并不是一般的功利想法，而是说，可以在生活上比一般人较为豁达开通、眼光远大，做起事来可以得心应手。安安稳稳得像花朵一样生活在暖房里，只能看到头顶的一点点天空，所能适应的温度也只有一点点，如此生活还有什么意思？

人生的旅程需要困境，因为只有在困境中，我们才能成长。同样，面对困境，更需要胆量和勇气，因为只有勇敢的人，才能克服困境，实现自己的理想。

# 有勇气的人，心中必然充满了信念

走进迷茫的深渊低谷，看到天边的愁云笼罩住灿烂明媚的朝阳，辽阔的长空也会立刻变得狭窄。只要有一缕金色的阳光穿过乌云，在阴暗的长空中，就会显得格外绚丽，阳光刺破乌云的力量足以让一个人倍加振奋。

柳宗元之所以能够成为唐代著名的文学家，就是因为他是一个有勇气的人，坚定了自己的信念。

柳宗元出身官宦家庭，小时候就显示出了卓越的才气，励志长大后有所作为。长大后，他在朝廷当了官，积极参与王叔文集团的政治革新。永贞元年（805年）八月，太子李纯当了皇帝，强烈反对革新，柳宗元作为革新参与者，惨遭贬谪。

柳宗元被贬谪到永州，那里地理位置偏远，文化落后，到处都是瘴气和毒蛇；夏天炎热、冬季湿冷，他的身体渐渐出现了状况。在政敌的造谣中伤下，连一些关系不错的人也跟他断绝了关系。半年后，母亲病故……一连串的打击，让柳宗元感到异常压抑和悲观，走向了绝望的深渊。

永州山水怡人，仕途上不得志的柳宗元便将自己的注意力转向了高山流水，以此来安慰自己受伤的心。他徜徉于永州山水天地间，逐渐感悟到了冷峭山水的价值。柳宗元为自己找到了一个抒发思想、抒发压抑情绪的方式——将情感寄托在山水间，将情感融合到山水中。

柳宗元找到了精神寄托，坚定信念，写出了著名的山水游记散文《永州八记》。

我们的人生离不开坚定的信念，因为只有在内心坚定信念，才能提高自己的主动性，才能将事情做好，才能夺取胜利的桂冠，才能创造生命的奇迹，继而战胜困难、赢得成功。

再大的挫折或困境，都无法摧毁一个有信念的人。信念隐藏在我们的内心深处，能够爆发出巨大的力量，信念坚定，即使遇到挫折、陷入困境，也能安然渡过。

有个年轻人，经过几年的打拼，赚了不少钱。为了完成自己的旅欧梦想，他开始了自己的欧洲之旅。

年轻人住在一个酒店里，第一天早上醒过来，听到一阵敲门声。他打开门，服务生热情地对他说："Good morning, sir."他没听懂，按照中国人的惯性思维，他在想："是不是问我叫什么名字。"于是，他大声说："我叫陈阿土。"

第二天早上，年轻人又听到一阵敲门声，依然是昨天的服务生，依然说了一句："Good morning, sir." 年轻人有点生气了，他不知道对方为何总是问他的名字，甚至还认为对方故意为难自己，便大声地说："我叫陈阿土。"

第三天早上，年轻人又听到一阵敲门声，服务生又跟他说了一句："Good morning, sir." 年轻人非常气愤地说："我叫陈阿土。你记住，我就叫这个名字！"当天晚上，他投诉到旅行社，才知道人家是问他早上好。他突然觉得很羞愧，发誓要学英语。于是，他便出门买了一本英语学习书，学的第一句话就是：Good morning, sir.

第四天早上，年轻人早早起了床，练习了几遍这个短语。他焦急地等待服务生敲门，因为他想将这句话用出来。很快，他就听到了服务生的敲门声。他打开门，看到服务生，立刻就说："Good morning, sir." 谁知，服务生听完，张口就说："我叫陈阿土。"年轻人简直哭笑不得！

故事中，陈阿土虽然小有积蓄，但不懂英语，结果住宿遇到了问题。首先就是，将服务员的问候当作询问名字，误解了人家的礼貌。一想到自己还不如一个服务员，陈阿土便开始学英语，好不容易学了一句，可是没想到对待他的却是一个无比可笑的场景：服务员说"我叫陈阿土"！

为什么会发生这样的事情？因为在这个世界上，不是你影响别人，就是别人影响你，成功需要无比坚定的信念。只有坚持自己的信念的人才能获得成功，容易受到他人影响的人只能半途而废。

有勇气的人，都对自己充满了信念。信念没有正确与否，只要是适合自己的就是最好的。


1984 年，30 岁的马龙·卢娜·布莱姆生命似乎走到了尽头。马龙患了乳腺癌和宫颈癌，在 11 个星期内，她就做了两次外科手术——乳房切除术和子宫切除术，而且她还经受着化疗带来的巨大痛苦。

令人感到痛惜的是，疾病不仅夺走了她的健康、美丽、积蓄，还有她的丈夫。面对巨大的压力，丈夫无法承受，离开了她，唯一给她留下的是两个小儿子。更糟的是，医生给她下了死亡判决书：她只能活两年，幸运的话最多活五年。

5 月的一个上午，天气异常闷热，马龙躺在自己的浴室里，将面颊贴着冰冷的地板。她知道，虽然自己经受着身体的剧烈疼痛，但不能躺在这里自怜自艾，因为还有两个儿子需要照顾。这就是说，她必须找一份工作。可是，马龙几乎没有任何工作经验，也没有接受过太多的正规学校教育，想找一份工作，难上加难。再加上当时马龙只想着生存，根本就没有意识到"财富"和"成功"与自己的人生有关系。

从哪儿开始呢？根据朋友的建议，马龙决定在销售行业寻求一份工作。在所有的销售类工作中，马龙最终选定了男性占主体的汽车销售领域。因为她知道，从事汽车销售行业，只要肯努力，薪水通常都不错。

通过观察她发现，多数汽车推销员只顾着跟男士谈话，忽略了身旁的女士。经验告诉她，女人在家庭的决策过程中具有举足轻重的作用。意识到汽车销售市场对女性推销员的潜在需要后，她决定填补那个空白。于是，顶着一头滑稽的金黄色假发，马龙开始向汽车 4S 店推销自己。

马龙进了几家汽车销售店，可是得到的都是粗鲁无礼的回答："不！"马龙坚定信念，没有放弃。每天早上醒来时，她都要对着镜子说："今天我一定要鼓足勇气，不放弃！"

前面的努力一次次地被现实击碎，做第 17 次努力时，马龙修改了自己的措辞。她向销售经理认真讲述了一番自己对女性购车者的独特想法，结果当场就被录用。马龙的汽车销售生涯从此开始。

在几乎全部是男性的工作环境中，马龙是一个地地道道的新手。结果，工作的第一年，马龙就获得了"年度销售人物"的荣誉称号。这时候，马龙的癌症也得到了有效控制，身体渐渐强壮起来。在之后的日子里，马龙不断地努力，业绩逐渐提高。

坐到高管的位置后，马龙打算开创一家自己的汽车销售公司。1989 年，"真爱克莱斯勒"汽车销售商店诞生。

今天，马龙的辛勤劳动已经获得了可观的回报，她的癌症也奇迹般地治愈，她也成了两家汽车销售商店的老板，公司每年的收入多达四亿五千万美元。

在坎坷的人生旅途中，信念坚定了马龙的决心，重新燃起希望的灯火，成为照亮前途的灯塔。她用自己的故事告诉我们：只要坚定信念，成功的大门永远向我们敞开；只要坚定信念，人生的道路上就会展开新的天地。

每个人都会遭遇困境和磨难，每个人都会遇到坎坷和低谷，如何应对展现了一个人的勇气和力量。相信自己，坚定自己的信念，鼓起勇气，勇往直前，就能做出成绩；畏缩不前，得过且过，终将一事无成。

# 有勇气的人，更敢于追求自己的想法

每个人都有自己的想法，除非你是一个智力障碍者！

课堂上，哲学家苏格拉底拿起一个苹果，对下面的学生说："请大家闻闻空气中的味道。"

学生纷纷举手，苏格拉底叫起一位学生回答："我闻到了，是苹果的香味。"苏格拉底走下讲台，举着苹果，慢慢地从学生面前走过，并叮嘱道："大家再仔细闻一闻，空气中有没有苹果的香味？"这次，半数学生举起了手。

苏格拉底回到讲台上，重复了一遍刚才的问题。结果，只有一名学生没举手。苏格拉底走到了这名学生面前，问："难道你没闻到什么气味？"那个学生肯定地说："我真的什么也没有闻到。"

这时，苏格拉底向全班学生宣布："他是正确的，因为这是一个假苹果。"

这个学生就是著名的哲学家柏拉图。

面对老师的一再发问和其他同学的反应，柏拉图有勇气坚持自己的想法——没有闻到苹果的香味。这种坚持己见，就是一种自信和对真理的坚持。正是因为有勇气坚持自己的看法，柏拉图才成为举世闻名的哲学家。

美国社会心理学家哈罗德·西格尔有一个出色的研究，题目是"改宗的心理学效应"。研究表明，如果一个观点对你十分重要，而这个观点又能使一个"反对者"赞同你的意见，你通常都会倾向于喜欢那个"反对者"，而不是同意者。也就是说，人们通常都喜欢那些在自己的影响下改变观点的人甚于附和自己观点的人。在心理学上，通过和某人辩论、使某人改变观点，可以让自己觉得自己是有能力和有成就的。这一发现被称为"改宗效应"。

因为怕得罪人，而违背自己内心的观点去附和别人的意见；为了讨得上司的喜欢，不敢说出自己真实的想法只是一味点头。这些做法看似聪明，其实不一定能为你在人际交往中增加分数。没有是非观念的"好好先生"之所以会被人瞧不起，是因为他们不能给别人带来一种挑战后的成就感；而敢于追求自己想法的人，坚持自己想法的人，最终会受到人们的尊重和喜爱。

春秋时期有个丑女叫东施，看到美女西施因心口痛捂着胸口，皱着眉头的样子，觉得很美，便跟西施学习。可是她本来容貌就丑，又皱起了眉头，本来就含胸驼背，又捂住了胸口，弄得更加丑陋不堪，遭人耻笑。

东施效颦的故事足以证明盲目顺从的可笑。在注重个性化的时代，要想做真正的自己，就要做自己心灵的主人，敢于追求自己的想法。

要想成为真正的人，必须先成为不盲从的人。盲从的人一般是缺乏智慧的人，真正的智者都不是一株墙头草。他们像是一个意志坚定的钉子，坚持着自己的立场，坚持着生活科学的真理。一味地盲从，只能坠入错误的深渊。

20 世纪 20 年代，随着体育运动的兴起，在德国赫佐格奥拉赫小镇，先后出现了三家运动鞋作坊。有位二十多岁的小伙子，跟父亲在街头摆摊修鞋，看到商机后，大胆投资，创办了一家制鞋作坊。

有一次，小伙子和另外两家作坊的老板一起乘坐公共汽车去纽伦堡推销鞋子。汽车行驶到半路，上来一位拎着一大包帽子的推销员。一上车，他就从包里取出几只帽子，没完没了地向人们推销起来。

小伙子和几位老板也是去推销产品的，对那人的帽子没有一丝兴趣。其他人都将头侧向了另一边窗口，小伙子却饶有兴趣地听着帽子推销员讲话。推销员看到他，直接问："买一顶帽子吧。等我下了车，你就没机会了。"

小伙子认真地说："你说的话确实有道理，但你的形象不太好，让我的购买欲打了不少折扣。"

帽子推销员纳闷地问："我的形象？你是说我的穿着不得体？"

小伙子说："不，你戴的帽子虽然确实不错，服装也得体，可是鞋子上却沾满了灰尘甚至污泥，这些都间接地影响到你的产品形象。"

推销员听后，急忙拍了拍自己鞋子的脏泥。可是，鞋上的污泥并不容易拍掉，他尴尬地说："做推销员东奔西跑的，这是不可避免的。"

"对，可是如果你穿着一双随时都能擦干净的运动鞋，这些情况就可以完全避免了。"小伙子一边说，一边伸出脚；然后，往自己的鞋子上洒了一些灰尘，接着用湿布一擦，干净如初。

帽子推销员眼前一亮，觉得这种运动鞋确实不错，不仅走路比穿靴子轻松，还能像皮鞋一样擦干净，可以让自己保持最佳形象。于是，忍不住问小伙子，这种鞋子是在哪儿买的，下车后，我就去买一双这种鞋子。

小伙子立即把身边的大鞋包打开，说："我这里有很多，你现在就可以从我这里买一双。"最终，帽子推销员就从他手中走了一双鞋子。

几年以后，小伙子的作坊发展成大型制鞋公司，而另几位作坊老板则举步维艰，有的最后甚至停业，只能到他的公司打工。

看到同样起步的小伙子，他们心中满是疑惑，问他是如何做到这一切的。小伙子说："在你们眼里，只有想买鞋子的人才是顾客；在我眼里，任何人都是顾客，包括那位向我推销帽子的人。"

后来，他的公司发展成了世界闻名的德国运动用品制造商——阿迪达斯。他就是阿道夫·达斯勒。

同样是推销鞋子，为什么阿道夫·达斯勒能够将自己的鞋子推销出去，其他两个人则不能？主要原因就在于，阿道夫·达斯勒坚持自己的想法，敢于承认自己的想法。公交车上，阿道夫·达斯勒遇到了一个帽子推销员。对方风尘仆仆，可见奔波得多么辛苦。可是，他知道自己的鞋子是最好的，能够帮这名推销员解决形象问题，于是将自己的鞋子推荐给了对方。由此，他的市场也就打开。

阿道夫·达斯勒用自己的推销经历告诉我们：要想让别人接受你的观点，就要敢于将自己的想法或产品介绍给对方。不敢说，不敢做，不敢坚持自己的想法，即使机会就在面前，也抓不住！

## 第三章

# 尝试

## 不试，怎么知道自己行不行

- 敢做第一个吃螃蟹的人

- 敢于尝试，无望的事也能取得成功

- 只有敢于尝试失败，才能获得成功的
  希望

- 尝试即使失败，也比停滞不动好千百倍

- 大胆尝试别人没有探索过的领域，才
  能有所突破

# 敢做第一个吃螃蟹的人

打开所有科学的钥匙都是问号，生活的智慧在于：不管遇到什么事，都喜欢问个"为什么"。

要创新，就要敢于尝试，从前人的定论中，提出自己的疑问，努力实践，才能够发现前人的不足之处，才能产生自己的新观点、新感受、新认识。世界上很多功业都源于"尝试"，敢于做吃螃蟹的第一人便是开启胜利之门的钥匙。

看到自己即将不久于人世，大师将弟子们叫到病榻前，与他们诀别。弟子们站在大师面前，按照资质优劣一字排列，最优秀的学生站在最前边，最笨的学生就排到最后面。

大师气息越来越弱，第一位弟子俯下身，轻声问大师："先生，您即将离开我们，您能否以最简洁的话告诉我们，人生的真谛是什么？"大师酝酿了一点力气，微微抬起头，喘息着说："人生就像一条河。"

为了将大师的讲话精髓传递给众弟子，第一位弟子转向第二个弟子，轻声说："先生说了，人生就像一条河。接着，向下传。"第二个弟子转向第三位弟子说："先生说了，人生就像一条河。向下传。"就这样，大师的箴言在弟子间一个接着一个地传下去，最后传到最笨的弟子那里，他反问道："先生为什么说人生像一条河？什么意思？"

问题被传回去："那个笨蛋想知道，先生为什么说人生像一条河？"最优秀的弟子听了，说："这个问题太幼稚了，我不想用这样的问题去打扰先生。道理很简单：河水深沉，人生意义深邃；河流曲折，人生坎坷多变；河水时清时浊，人生时明时暗。把这些话传给那个笨蛋，告诉他这就是答案。"

答案在弟子中一个个地传下去，最后传给了笨弟子。可是，他又提了一个问题："听着，我不想听那个聪明家伙的理解，我想知道先生自己是如何认识这个问题的。'人生就像一条河'，先生说这句话，到底要表达什么意思？"

笨弟子的问题又被传了回去。最优秀的弟子不耐烦地俯下身去，对大师说："先生，请原谅，您最笨的弟子要向您请教：'人生就像一条河'到底是什么意思？"

大师使出最后一点力气，抬起头说："好，人生不像一条河！"说完，他双目一闭，永远地离开了大家。

这个故事说明了什么？如果那个"笨弟子"没有提出疑问，或者大师在回答之前死去，"人生就像一条河"也许就会被奉为深奥的人生哲学，他的弟子们会将这句话传遍天下。但大师的本意是什么却无从知晓。

或许可以做这样的猜想：大师在生命的最后时刻想要告诉学生的是：真理与空言之间没有太大的差异。接受别人所谓的箴言时，要在头脑中多想几个"为什么"，不要被专家吓倒。

敢于尝试是每个人拥有的权利，也是人类进步的助推器。不敢尝试第一步，达尔文就发现不了"人猿同祖论"，哥白尼也不会有"日心说"。现在，很多年轻人不敢尝试，更不善于发现，他们拘泥于书本内容，认为凡是书本上说的，就是正确的；凡是权威人士认定的，就绝不会有错。这样的人，通常不可能做出有创意的事情。

从哲学角度来说，任何事情都没有必须遵循的规矩。人生要的是突破，突破过去才能成功。处理问题时，总是习惯性地按照常规思维来思考，不敢尝试，不敢怀疑，只能让自己走入人生的死胡同。很多事之所以会失败，就是因为没有遵循"尝试"这一成功原则。

要想不固守成法，就要敏于生疑，敢于存疑，善于质疑，并由此打破常规、推陈出新，做第一个吃螃蟹的人。

1900 年，美国进入消费繁荣时期，石油需求量大增，刺激了石油的开发。得克萨斯州有对名叫哈米尔的兄弟，受雇开采石油，成了第一批开拓者。那时候，石油开采作业工具非常简单，设备粗糙，随时都面临着沙子坍塌的危险，地底气体随时都有可能爆炸。每年约有 6 千人会死于石油爆炸，一不小心，就要付出生命的代价。

钻井工作困难重重，更重要的是，他们对地下的情况一无所知。他们不知道自己辛苦钻到几千米后，能否看到所期待的一幕。在遥不可及的未知中，他们能做的只是日复一日地向下探寻。在这个过程中，他们还解决了一个巨大的技术难题，而该方法在今天的石油开采作业中依然被广泛使用。

他们的努力终于得到了回报！1901 年 1 月 10 日，他们发现开采的那片地底下储存着在今天价值 110 亿美元的石油。这片油田的发现和开发，使雇用哈米尔兄弟的投资者赚了不少钱。

"110 亿美元的石油"是多么庞大的一个数字。当众人纷纷发出质疑的时候，雇用哈米尔兄弟的投资者没有放弃，他们没日没夜地向下探寻，终于发现了巨大的财富。这个故事告诉我们，成为第一人并不容易。真正的勇敢者，在踏上征程的那一刻便已下定决心，未来路上无论充满多少荆棘，有多少洪水猛兽，他们只会向前走，不回头。

无独有偶。

一个年轻人想一夜暴富，听说一个边陲小镇的地底下有着丰富的石油储量，就找他人借钱，到那里买了一大块土地，开始开采石油。没想到，花了很多钱，只采出很少的石油。石油卖完后，收入还抵不上投资，结果欠了一屁股债。年轻人心有不甘，为了挽回损失，走出困境，决定在这片土地上发展种植业。可是，当他尝试着种了一些经济作物时，却发现这片土地异常贫瘠，根本不适合搞种植业。

年轻人想：既然不能搞种植业，就搞畜牧业，反正这里到处是灌木。可是，当他尝试着养牛羊时，却发现牛羊根本不吃灌木叶子。没办法，年轻人只好绝望地离开了小镇，过上了债务缠身的生活。

没过多长时间，另一名投资者来到这个边陲小镇，也买了一大块地，打算在这里开采石油。结果，这名投资者比之前的那个年轻人败得更惨，那个地方根本就没有石油。投资者忧心忡忡，再想不出其他办法，他就会变成一个身无分文的穷光蛋。

看着眼前的绝境，投资者彻夜难眠，但他始终坚信：天无绝人之路，这里不是没有商机，而是自己还没找到。于是，他每天早出晚归，在边陲小镇四处考察，最后在灌木丛中发现了一种响尾蛇。他决定经营响尾蛇生意。为了稳妥，他不仅阅读了大量关于响尾蛇的资料，还做了详细的市场调查，发现响尾蛇全身都是宝。

投资者按捺不住心中的激动，迅速筹措资金，开始打造响尾蛇产业。他建立了一个响尾蛇生产基地，招聘了十几名员工，开始养殖响尾蛇。后来，生意越做越大，他便将响尾蛇的肉做成罐头销往世界各地，将响尾蛇的毒液取出来卖给制药厂，还将响尾蛇的皮高价卖给皮具生产厂。经过不断的经营，10 年后，投资者成了亿万富翁。

为了充分利用资源，随后这位投资者还开发了旅游业，让游客前来旅游、吃蛇肉、体验野外生活。现在，响尾蛇养殖基地每年都会迎接数十万游客，投资者从中赚了个盆满钵满。

敢于尝试，才能收获最后的成功。故事中的两个人形成了明显的对比：前者，遭遇失败不敢再尝试，结果落得一身债；后者，虽然开始也遭遇失败，但他敢于尝试新的行业，发现了独特的商机，不仅还清了债务，还成了亿万富翁。绝境就像一堵墙，阻挡了奋斗者的前进方向，失败者只看到墙的高度、厚度，成功者却能看到隐藏在墙背后的机会，并努力抓住它。

成功，很多时候就在一念之间，关键在于你是否敢于尝试。成为第一个吃螃蟹的人，离成功也就不远了！

# 敢于尝试，无望的事也能取得成功

"路漫漫其修远兮，吾将上下而求索。"敢于尝试，就是成功的一半；不敢尝试的人，永远都无法成就大事业。

莎士比亚曾说："本来无望的事，大胆尝试，往往能成功。"是的，如果人类不敢尝试，现在也许还生活在树上；如果人们不敢尝试，也无法成为世界的主宰；如果人们不敢尝试，现在也许还生活在黑暗中；如果人们不敢尝试，也许在几千年前就已经灭绝……太多的"也许"，让我们不得不相信尝试的力量。

尝试是发明创造的前提，更是成功的前提。著名作家契诃夫曾写过："路是由人的脚走成的，为了多辟几条路，必须多向没有人的地方走。"只有在别人没有探索过的领域，大胆尝试，才会取得巨大的成功；即使是毫无希望的事，只要敢于尝试，也能看到希望。

1814 年，英国人史蒂芬孙制造出了世界上第一辆蒸汽机车。这辆蒸汽机车不仅样子丑，还特别笨重，走得很慢。为了测试它的车速，有人驾一辆漂亮的马车跟它赛跑，结果，蒸汽机车落在了后面，还将路基震坏了。可是，史蒂芬孙没有灰心，经过无数次的改进，终于发明出了原始火车。如今，马车依然在以同样的速度转动着轮子，而火车却在铁轨上飞速前进。

试想一下，如果史蒂芬孙因为蒸汽机车的失败而灰心，那么今天就不会有高速飞驰的火车了。正因为他大胆尝试，不怕失败，才造就了今天高速飞驰的火车。

失败，来自缺乏尝试。在成功者眼中，尝试等于失败，都是成功必不可少的一种条件；在失败者眼中，失败不等于尝试，而是一座不可逾越的大山，永远阻挡着前进的自己。

一只蝴蝶无意中飞进一间屋子，为了找到出路，在屋顶的一个角落里一个劲儿地乱撞。结果，耗尽了体力，也没有飞出去。其实，它只要再飞低一点，就能从下面那扇敞开的窗户飞出去，获得自由。蝴蝶之所以没有飞出屋子，根本原因就在于它不敢尝试，不敢寻找其他出路，它害怕失败。

生命中，不同的尝试会带来不同的结果，会给生活赋予缤纷绚丽的色彩。在人生的道路上，如果连尝试的勇气也没有，人生就会像平淡无味的白开水，又怎能体味到生命的精彩？

李欣看到了餐饮业的发展前景，打算投资餐饮业。经过一段时间的考察，她选择在市中心地带兴建了一家高级饭店。在装修工作完成三分之二时，饭店已经具备基本营业条件，但由于部分设施还没有完成，没经过有关部门的验收，所以执照还没有发下来。

李欣做了一个大胆的决定，提前开业。在一个阳光普照的日子，饭店大张旗鼓地开业了，为了造势，甚至还请了歌舞团。很快，执法部门就发现了，前来进行处罚，勒令停业，并罚款10万元，李欣只好乖乖地交了罚款，饭店随之停业。

亲朋好友都劝李欣说，不要再开了，趁现在赔得少，赶快撤出……还没赚钱就被罚款，对于一个刚起步的企业来说，无异于一个沉重的打击。为了尽快把损失弥补回来，在被勒令停业的半个月后，李欣决定再次开业。此时执照依然没有批下来，主管部门再次对她做出了停业并缴纳罚金的处罚。

令执法人员想不到的是，在第二次处罚之后半个月，李欣第三次违规开业，执法部门只好再次对其处罚。同时，由于她屡教不改，性质严重，还进行了大范围通报。通报结束后，记者对李欣的饭店违规开业情况给予报道，很多人都知道了这件事。

终于，李欣的饭店装修完毕，她顺利拿到执照，可以正式合法开业了。这次，饭店一开业就吸引了很多顾客。原来，三次被罚事件经新闻媒体曝光后，人们都知道了李欣的饭店，在好奇心的驱使下，都过来看个究竟。

直到这时，人们才明白，原来前三次罚款都是李欣自找的，她用这种方法为自己的饭店打了一个漂亮的广告，不仅省下了广告费和推广时间，还达到了人尽皆知的宣传效果。

成功，需要另类的智慧，突破固有的思维局限。大胆尝试，用一个别出心裁的创意让自己脱颖而出，这就是李欣成功的秘诀。

敢于尝试，是生命色彩的调配剂，对不同事物不同的尝试，会让你得到许多不同的生命体验。或是酸甜，或是痛苦，都会让你的生命不再平淡。

或许不能从尝试中获得自己所想要的结果，但只要敢于尝试这一过程，也就训练了自己，帮自己培养起勇气、坚韧及乐观的态度。或许，我们永远都无法成为下一个马云，但这又有什么关系？你在尝试成为他时，也在刻苦地训练、坚持不懈地努力，你的意志也会因此而变得更加坚韧。不要怕被别人嘲笑为不自量力，勇敢地尝试，会让你比嘲笑你的人更强健。

一提到俞敏洪，很多人也许认不出照片里的他，但对于他传奇的创业经历，大多都能说上一二：三年高考、从北大辞职、创办新东方……这些经历让他成了当代学子心中"神一般的人物"。但他是如何取得今天的成功的？他的回答是："被动地推出来，我不想动也得动。"

俞敏洪认为，要想创业成功，就要敢想、敢试。俞敏洪说："并不是懂所有的财务模型、所有的财务设计，才能做生意。要敢于试，尝试的过程就是能力增长的过程。"

谈到自己和马云的成功经历，他说：自己和周围的朋友都经过了反复尝试。马云跟自己有很多共同经历，两人都是三年参加高考，都是考英语专业，只不过俞敏洪考上了北大，马云考上了杭州师范学院。他认为，这种不同让他更坚定了自己的观点："创业不一定马上就能成功，不一定马上非要成功，马云做了第五个公司才做成了阿里巴巴。成功就是慢慢摸索的过程，必须尝试。"

面对一件超越自己能力的事，该怎么办？相信很多人都会选择放弃。因为，既然自己没有希望做成，与其花费时间和精力，倒不如另选其他。但只有少数人会尝试着做，不断改错，而就在他们一次次的试错当中，也就更加接近成功了。因为，不尝试，怎么能知道做不成？

只要发现了机会，就一定要大胆试一试。即使这件事远非自己能力所及，也不要过早地放弃！

# 只有敢于尝试失败，才能获得成功的希望

说到失败，很多人都想离它远远的，都想自己不经历失败而直接实现成功。可是，大量的事实告诉我们，失败是成功的必经之路。不经历失败，不尝试失败，一定无法获得成功。失败并不可怕，甚至还是一次实现自我成长的良机，只要善于学习、不断改进，不断积累经验，必然会迎来期盼已久的成功。

有个美国收藏家名叫诺曼·沃特，当他看到很多收藏家都在重金收购名贵物品时，发现了机会，决定收藏一些劣画。

沃特主要收购两种劣画：一种是名家发挥失常的作品；一种是无名人士创作的作品。没过多长时间，他便收集了200多幅劣画。

为了让年轻人在比较中学会鉴别，发现好画与名画的真正价值，1974年沃特在报纸上登出一则广告——举办"首届劣画大展"。广告一经发出，就得到了广泛传播，瞬间就成了人们空闲时间的热门话题。在好奇心的驱使下，很多人争先恐后地去

参观，有人甚至还专门从外地赶来，画展举办得非常成功。

对于不值钱的画作，多数人都会选择放弃，或者将其烧毁，或者束之高阁。可是，故事中的收藏家沃特却将这些画作收藏起来。之后，他大胆尝试，举办了劣画展览，反响极大。试想，如果沃特不敢收集劣画，不敢展览，结果会是怎样？不仅无法发现好画和名画的价值，他也不可能因此扬名立万。

这一故事告诉我们：敢于尝试失败，也是一个获得成功的好时机。

爱迪生曾说："失败也是我所需要的，它和成功一样对我有价值。只有在我知道一切做不好的方法以后，才知道做好一件工作的正确方法是什么。"能从失败中获得收获，得到的就不只是痛苦的教训了。

对于很多中国人来说，德克士并不陌生。它已经和麦当劳、肯德基一起，成为中国境内西式快餐的三大巨头。可是，很少有人知道，德克士创始人蓝赞的创业之路走得并不顺利。

蓝赞出生在台湾一个贫穷人家，小时候跟着妈妈当过乞丐，长大后当过液化气搬运工；为了多赚钱，经常送货到很晚，吃不上公司食堂的饭菜，只能咬牙忍着饥饿。一次，值班时蓝赞饿得浑身无力，便偷偷跑出去买东西充饥，结果恰好被老板看到了。老板不分青红皂白，上前就是一个耳光，打得他嘴角流血。

一个偶然的机会，蓝赞在中国贵州凯里发现了商机。他花费了1000多元购买一只名叫"霸王"的画眉鸟，带回台湾，转手卖了40万元。后来，他又陆续花了几万元购买画眉鸟，带回台湾，却一只都没卖出去。

看到画眉鸟生意没法做，蓝赞便开始将台湾的衣服拿到贵州卖。他东拼西凑了一些钱，在贵阳租了个店面，结果价格太高，乏人问津，只好关门大吉。家人知道了蓝赞的创业境况后，让他回台湾发展。可是，蓝赞曾在家人面前发过毒誓——创业不成功，坚决不回台湾！便没有答应。

蓝赞徘徊在贵阳街头，一个朋友告诉他：贵阳光华路有个废弃的家电商场，共三层，每平方米平均售价六千元人民币左右；与大楼仅有一条马路之隔的国贸商场，每平方米的售价都超过一万元人民币。同样地段，差价却很大，即使买下来什么也不做，一年半载后，楼价至少也能翻一番。

蓝赞有些心动，可是创业失败的他，哪来那么多钱？左思右想后，他不顾家人反对，变卖了祖产，凑足了买楼的钱。为了不让这样好的地段荒废，他把一层作为门面店租了出去，打算在2~4层开一家西式快餐店。考虑到贵州人喜欢吃辣，他决定让自己的西式快餐辣味十足。

半年后，装修考究的德克士出现在了光华路上。它色彩艳丽、装修时尚，很快就吸引了众多行人的目光。开业当天，蓝赞还特别邀请了当时走红的歌手黄安到场助兴，第一天的营业额居然超过 10 万元，一个月的营业额达到 300 万元，这是他根本没有想到的。接着，他趁热打铁，先后在贵阳、遵义、六盘水等地开了十几家德克士。两年后，十几家德克士给他带来了上亿元的财富，蓝赞成功了。

回首当时的创业，蓝赞总会说上一句："失败的下一站就是成功，因为我的坚持，在多次失败后终于找到了适合自己的事业，才有了德克士。"

回顾蓝赞的创业经历，就是一次次失败、一次次死而复生的过程。他购买了画眉鸟，虽然第一次成功了，但之后再也卖不出去。之后，他开店创业，结果都以失败告终。最后，他变卖祖产，买了门店，经过一番运作后，赢得了上亿财富。蓝赞确实是个成功者，可是在巨额财富的背后，是他一次次的尝试，一次次的积累。正是借助多次的尝试，蓝赞才获得了最终的成功。成功是需要尝试的，而失败就是需要尝试的内容之一。因为只有尝试过失败之后，才能从中吸取经验教训，体会到成功的可贵。成功其实离你并不远，就看你敢不敢尝试。

横滨轮胎是日本的一家轮胎企业，它很重视轮胎在抓地力和速度方面的高性能，一直都是国际车赛指定的赛事轮胎。

进入新世纪后，随着油价的不断上涨，人们对轮胎的高性能要求不断降低，转而把节油、低碳放在第一位，轮胎生产商都开始开发环保型产品。为了找到能够降低轮胎滚动阻力的新材料，松井仓做了大量实验，但效果都不好。

2005 年的一个周末，工程师松井仓带着妻子到郊外的一个橘园里度假。剥橘子时，新鲜的橘油喷出，刺激得松井仓几乎睁不开眼睛。松井仓灵光一闪："将这些橘油加到轮胎里去，会产生什么效果呢？"

松井仓从地上捡了一大包橘皮，回到公司，便开始研究起来。同事都觉得这种想法太荒诞了，松井仓却没有理会。轮胎的寿命分为制造、使用和废弃三个阶段，使用阶段的碳排量最大。为了制造一种可以减少滚动阻力降低油耗的轮胎，松井仓把橘油从橘皮里提取出来，用它代替传统的化学材料，与天然橡胶合成。经过大半年的努力，他终于研究出配方，生产出了第一批轮胎。

横滨公司采纳了松井仓设计的产品，在全球最大的橘子种植国巴西建起了橘油提炼厂。2007 年，橘油轮胎正式进入横滨公司的轮胎店，销售火爆。目前，橘油轮胎已经在日本、美国、菲律宾和中国等多家工厂实现了大规模生产，销量远超全球其他轮胎品牌。

橘油轮胎的出现就是松井仓敢于尝试的结果。他的这种敢于尝试的精神，值得每个人渴望成功的人学习。

# 尝试即使失败，也比停滞不动好千百倍

人在一生中，总会遇到吃亏上当、摔跟头的事，所谓"吃一堑，长一智"，只要能在吃亏后吸取教训，就能避免再次摔跤。勇敢地尝试着去做一件事，即使最后失败了，也要比停滞不动好千百倍。

迪肯斯家的不远处有个公园，他经常到那里散步和骑马。当时很多人都到公园玩，有游人还会生火野炊，稍有不慎便会引起森林大火，烧毁树木。迪肯斯很喜欢橡树，看到这里稚嫩的小树被一些大火烧毁时，感到很难过。

他在公园的一个角落立了一块告示牌，上面写着："任何人在公园内生火，必将受罚或被拘留！"但是由于位置偏僻，人们几乎都看不到。

迪肯斯再到公园里去骑马时，打算保护小树。刚开始时，他不了解人们的看法，一看到树下有火，就骑马来到游人面前，警告他们在公园内生火可能进监牢；同时，还会以权威的口气命令他们把火扑灭。如果有人拒绝，就威胁叫人把他们逮捕起来。

迪肯斯尽情地发泄着自己的情绪，根本没有想到别人的看法。结果，游人表面服从了，心里却不甘不愿。等迪肯斯骑马跑过山丘后，他们又会将火点燃。

随着年岁的增长，迪肯斯对做人处世有了更深一层的认识，他不再下命令，而是来到火堆前面，对游人说："玩得痛快吗？朋友们，你们晚餐想煮些什么？我也很喜欢吃烤熟的东西，但在公园内生火很危险，我知道你们会很小心，但其他人可就不这么小心了。看到你们生了一堆火，别人也会生火，离开时却又不把火弄熄，结果火烧到枯叶，蔓延起来就会把树木都烧死了。如果不小心，以后这儿连一棵树都没有了。生这堆火，就会被关入监牢。但我不想扫了你们的兴，很高兴看到你们玩得痛快，能不能请你们把火堆旁边的枯叶子拨开，离开之前用泥土把火堆掩盖起来？下次，如果你们还想玩火，能不能麻烦你们到山丘的那一头，在沙坑里生火，不会造成任何损害……谢谢你们，祝你们玩得痛快。"就这样，游人愿意合作了。

看到橡树和灌木被烧毁，迪肯斯感到心痛。为了减少火灾的危害，迪肯斯立了一块牌子，加强巡逻，警告人们不要在这里点火，并将后果直接告诉了他们。可是，虽然游人当时服从了，但之后又会故伎重演。迪肯斯虽然失败了，但至少在人们心中树立了一个认识：不能在这里点火烧烤。之后，随着为人处世认识的提升，迪肯斯做了换位思考，采用一种新的方法，引起了人们的重视，结果取得了完全不同的结果，游人也愿意听他的劝告了。

任何事情的成功，都需要不断尝试，即使开始的时候失败了，也会让你在失败中知道哪些事情该做、哪些事情不该做，继而吸取经验教训。如此一来，远比没有经历过的人强百倍。

失败是一种客观存在，只要做事，失败就不可避免。要想获得长远的成功，就不能介意一时的成败。记住：失败只会让人变得更加成熟。

美国企业家保罗·道弥尔专门收购面临危机的企业，之后经过整顿，这些企业个个起死回生，财源广进。

1948 年，21 岁的保罗·道弥尔离开了祖国匈牙利来到美国，他一无所有，仅有的资本就是一副健康强壮的身体。

在美国找一份工作勉强度日，并不难，可是胸怀大志的道弥尔并不仅仅是为了维持生计。为了更多地了解美国，尽快增长能力，学会做自己不会做的事情，在一年半的时间里，他连续换了 15 次工作。最后，道弥尔应聘到一家制造日用杂品的工厂。他不声不响地工作，忙里忙外，极卖力气，他的刻苦耐劳、持之以恒打动了老板。

一天，老板把道弥尔叫到办公室，说："我还有许多事情要做，我想把这个工厂交给你照管，你不会反对吧？"道弥尔非常高兴，自信地说："谢谢您对我的信任，我会把它管理得很好。"

道弥尔当了工厂主管，周工资由30美元升到195美元。这个数字在当时来说是不小的收入，但他追求的不是这个，他要向企业家的目标奋斗。道弥尔认为：要想做一个企业家，不仅要学会工厂管理，还必须熟悉市场、了解顾客的心理和需求。销售部门是企业的重要部门，不懂销售业务，就不能成为现代企业家。因此，半年之后，他向老板递交了辞呈，决定做推销员。

做推销员之后，道弥尔的视野开阔了许多。他广泛地同各种顾客打交道，丰富了销售经验，锻炼了交际能力，学会了洞察和分析顾客心理，同时也更深地了解到当地的风俗民情，积累了一大笔无形财富。仅用了两年时间，道弥尔便用自己的才智和心血编织了一个庞大的销售网，成为当地最富有的推销员。

这时，道弥尔做了一个惊人的决定——将一家濒临破产的工艺品制造厂以高价买下来，同时拥有70%的股份。这家工厂成了他的控股企业，基本上可以按照他的想法进行整顿和改革了。

道弥尔先从生产和销售两个环节实行整顿。为了提高生产效率、降低成本，他辞去了对工厂不抱希望的员工，还废止推销办法，改为推销制度；不仅提高产品价格，保持合理利润，还加强销售服务，提高工厂信誉。

道弥尔为什么喜欢购买濒临倒闭的企业？他回答说："别人经营失败了，接过来就容易找到失败的原因，只要把造成失败的因素找出来，并加以纠正，就会得到转机，重新开始赚钱。这比自己从头干起要省力得多。"

错误是不可避免的，也是每个人在生活中成长的前提。生活中的错误会带给我们不可代替的启示。著名科学家爱迪生以发明灯泡而闻名于世界，可是，很少有人知道他发明灯泡做了多少次实验。那几千次实验无一重复，这足以体现他那仔细认真的态度，还有他的坚持不懈。如果他在几次实验后就放弃，或者他并没有想到这个实验，可能我们现在还没有使用上电灯。即使使用上了，也会晚很多年。

正确面对失败，关键在于培养用心做事的态度。用心，是一种积极、主动、科学的态度，更是一种责任、一种执着追求的优秀品格。有了这种态度，就能对事情进行研究、探索、改进，就会保持强烈的上进心，养成不断总结、提高、创新的习惯，及时回顾、总结和反思，发现问题，探索规律，持续改进。

正确面对失败是对失败的理性思考，它告诉我们的是"不该"。吸取教训，更加理性地分析问题产生的原因，就能从中找出带有普遍性的规律和特点，使我们对客观事物的认识更加准确。

　　失败，既可以给遭受挫折的人留下避免再次失败的路标，又能够为他人留下前车之鉴。从这个意义上来说失败同样是一笔可贵的财富。学会从失败中吸取教训，举一反三、引以为戒，就会获得进步，实现超越。

# 大胆尝试别人没有探索过的领域，
# 才能有所突破

　　曾有人把人分成四等：第一等人是创造机会的人，第二等人是掌握机会的人，第三等人是等待机会的人，而第四等人是错失机会的人。做出不同的选择，就会产生不同的结果，不要太纠结于最终的成败，关键在于在这个过程中的尝试与探索，如同著名主持人杨澜的人生准则一样——"宁可在尝试中失败，也不在保守中成功"。

　　曾经有这样一个故事：

　　有家公司新招聘了一个年轻人，工作的时候他经常要经过3楼，而那里总有一个房间关着门，他向别人打听，别人告诉他，老总不让员工进那间房，从来没人进去过，大家谁也不敢进去。年轻人感到很好奇，以至于整晚都没睡着。第二天，年轻人办事时又一次经过那个房间，犹豫了好久后，慢慢靠近了门。轻轻一推，门就开了，原来没上锁。房子的中央只有一张桌子，年轻人一眼便看到了桌上放着的一张纸条。他低头一看，上面写着一行字：祝贺你，你是第一个有勇气进来的人！没过多长时间，年轻人就被提升为经理了。

年轻人之所以会被提升为经理，是因为他做了一件事——打破老总的禁忌，推开了那间房子。这就是老板的用意所在。因为他知道，要想当经理，首先就要敢于打破常规、敢于尝试未知的领域，而是否敢推开这道门，就能很好地验证一个人的探索意识。

这个故事很简单，其实就是一个看人们敢不敢的故事。敢尝试，敢做，就能得到机会；不敢做，就会失去机会。道理就这样简单！尝试是发明创造的前提，更是成功的前提。只有在别人没有探索过的领域，大胆进行尝试，才能取得前所未有的巨大的成功。虽然这样做，充满了泪水和汗水，但更能让我们享受到尝试后的兴奋和喜悦。

现实中，很多穷人抱怨上天不给自己成功的机会，感慨命运捉弄自己，其实机会就在身边，只是因为他们害怕困难而自行放弃了；而机会一旦丧失，就很难重新拥有。

为了到澳大利亚谋求新的发财机会，亚洲有一家穷人省吃俭用，几年之后攒够了购买去澳大利亚的下等舱船票的钱。听说十几天后才能到达目的地，为了节省开支，妻子在上船之前准备了许多干粮。

孩子们看到船上豪华餐厅的美食，忍不住向父母哀求，希望能吃上一点，即使是别人吃剩下的也行。可是，父母不想让自己的孩子被别人看不起，就一直守住自己所在的下等舱门，不让孩子们出去，饿了，就只能吃自己带的干粮。其实，父母跟孩子们一样也渴望吃到外面的美食，但一想到自己空空的口袋就打消了这个念头。

在离到达目的地还有两天时，干粮已经吃光了。为了不让孩子们挨饿，父亲只好求服务员赏给他们一家人一些剩饭。听到父亲的哀求，服务员吃惊地说："为什么你们不到餐厅去用餐呢？"父亲回答说："我们根本就没有钱。"

"可是，船上给所有客人免费提供食物。"听了服务员的回答，父亲大吃一惊，几乎要跳起来了。如果他们一开始就问一问也不至于在一路上都啃干粮了。

这对父母没有问船上的就餐情况，最根本的原因就是他们没有去问的勇气，因为他们觉得穷人没钱，无法到豪华餐厅享受美味食物。于是，这家人错过了十几天享受美食的机会。虽然经过几番尝试，最终也不见得就会取得成功，可是如果不鼓足勇气去尝试，那就永远没有成功的机会。

很多时候，只要积极地尝试过、努力过，即使没有取得成功，也能拥有经验，同时你的精神意志也会在不断的尝试中渐渐得到锻炼和提升。只有敢于尝试，才能真正懂得它对你意味着什么。

敢于尝试是开启成功大门的钥匙，好运往往就在尝试中。在每个机遇来临时，成功者总会积极迎接，大胆尝试，全身心地投入其中。只要敢于尝试，即使是没有探索过的新领域，也会有所突破。

汤姆·邓普西出生时只有半只左脚和一只畸形的右手，可父母从不让他因为自己的残疾而感到不安。结果，他能做到任何健全男孩能做的事：童子军团行军10里，汤姆也可以走完10里。

邓普西学习踢橄榄球时，发现自己将球踢得比队友还远。父亲请人为他专门设计了一只鞋子，参加踢球测验，并得到冲锋队的一份合约。可是，教练却婉转地告诉他："你不具备做职业橄榄球员的条件，可以试试其他工作。"最后，汤姆申请加入新奥尔良圣徒球队，请教练给他一次机会。

教练虽然心存怀疑，可是看到邓普西这么自信，就对他产生了好感，便收了他。两个星期后，邓普西在一次友谊赛中踢出了55码，为本队赢得比分，教练对他的好感加深，允许他专门为圣徒队踢球，在那一赛季中他为球队赢得99分。

邓普西一生中最伟大的时刻到来了。那天，球场上坐了66000名球迷，球在28码线上，比赛只剩下几秒钟。球队把球推进到45码线上，教练大声说："汤姆（邓普西的乳名），进场踢球。"邓普西一脚全力踢在球身上，球笔直前进，从球门横杆上几英寸的地方越过。接着，终端得分线上的裁判举起双手，表示得了3分，圣徒队以19比17获胜。

球迷狂呼起来，为这个踢得最远的一球而兴奋，而且还是那个只有半只左脚和一只畸形的手的球员踢出来的。

很多时候，人生中的许多事情我们都是能够做到的，只是我们不知道自己能做到；敢于尝试并坚持做下去，不仅能够做到，还可能做得不错。无论什么时候，请牢记：只要敢于尝试别人没有探索过的领域，就会有所突破。

## 第四章

# 坚持

## 不是成功来得慢，而是放弃得太快

- 任何梦想的实现都离不开持之以恒的努力
- 任何时候都要坚守希望
- 成功就是要紧盯目标不放松
- 有志也需要坚持到底
- 简单的事情只要坚持，也能成就伟大的结果

# 任何梦想的实现都离不开
# 持之以恒的努力

我们的人生不是休止的，而是在追求的旅途中。命运可以决定你奋斗过程的平坦或艰辛，但追求的结果一直都握在自己手中。只要心中怀有梦想，即使把命运交给一张纸做的黑白琴键，也能弹响自己的人生乐章。

老骥伏枥，志在千里，坚持不懈、持之以恒才能实现梦想，梦想的实现需要过程，不能一蹴而就。

孟乔波和柏拉图，一个是卖茶的商人，一个是伟大的哲学家，可是他们都向我们诠释了一个道理：任何梦想的实现都离不开坚持。

1987 年，孟乔波 14 岁，在湖南益阳的一个小镇卖茶，1 毛钱一杯。因为她的茶杯比别人大一号，所以卖得很快，她每天都很忙。三年后，孟乔波把茶摊搬到益阳市，改卖当地特有的"擂茶"。擂茶制作比较麻烦，价格也相对较高，孟乔波的生意还不错。20 岁时，孟乔波再一次换了地点。她来到省城长沙，开了一家小店面。客人进门后，必能品尝到热乎乎的香茶，在尽情享用后，他们或多或少都会掏钱再拎上一两袋茶叶。

24 岁时，孟乔波已经拥有 37 家茶庄，遍布于长沙、西安、深圳、上海等地。福建安溪、浙江杭州的茶商只要一提起她的名字，都会竖起大拇指。30 岁那年，孟乔波还将茶庄开到了香港和新加坡。

有理想、有追求、有上进心的人，一定懂得自己活着是为了什么，一定能够坚持梦想。有了梦想，也就产生了前进的动力。每个人都要锲而不舍地为自己的梦想而努力，即使实现不了，自己也会在实现梦想的过程中得到充实和提高。

新生开学，老师说："从今天开始，我们学一件容易的事情，每人把胳膊尽量往前甩，然后再尽量往后甩，每天做 300 下。"一个月后，能够坚持下来的有 90%；两个月后，仅剩 80%。一年后，老师问："每天还坚持做 300 下的请举手。"整个教室里，只有一个人举手，他就是世界上伟大的哲学家——柏拉图。

成功没有秘诀，梦想的实现没有诀窍，都需要坚持不懈。任何伟大的梦想，都成于坚持不懈，毁于半途而废。

世间最容易的事是坚持，最难的也是坚持。说它容易，是因为只要愿意，每个人都能做到；说它难，是因为能真正坚持下来的只是少数人。不管心中怀有怎样的梦想，只有坚持下去，才能最后实现。

1832年，林肯失业了，痛定思痛之后，他下决心要当政治家，当州议员。可惜的是，他既没有经济实力，又没有名气，结果竞选失败。在一年里遭受两次打击，林肯感到异常痛苦。

为了能够在以后的竞选中处于有利地位，林肯自己开办企业，可不到一年，企业又倒闭了。在之后的一年多时间里，为了偿还企业倒闭时所欠的债务，他四处奔波，历尽磨难。随后，林肯再一次参加州议员竞选，他成功了。

1835年，林肯订婚了。未婚妻在事业上帮他筹谋，在感情上是他的支柱。但是，眼看就要结婚了，她却不幸染病去世了。林肯深受打击，心力交瘁，接连几个月都卧床不起。1836年，他得了神经衰弱症。

两年后，林肯觉得自己的身体状况恢复了，决定重新竞选州议会议长，但他再度失败了。1843年，他又参加美国国会议员竞选，仍然没有成功。

一次次尝试，一次次遭受失败：企业倒闭、未婚妻去世、竞选接连失败，可是林肯没有放弃。1846年他又一次参加国会议员竞选，成功当选。两年任期过去，他决定争取连任，结果落选。

为了这次竞选，林肯赔了一大笔钱，于是他去申请当本州的官员。可是，州政府把他的申请退了回来，理由是："做本州的土地官员要求有卓越的才能和超常的智力，你未能满足这些要求。"

林肯一直没有放弃。1854年，他竞选参议员，失败；两年后，他竞选美国副总统提名，被对手击败；又过了两年，他再次竞选参议员，还是失败……在林肯的政治生涯中，他尝试11次，可只成功了2次。

林肯一直没有放弃自己的梦想，1860年终于当选为美国总统。

俗话说：世上无难事，只怕有心人。这个有心，就是有恒心。有了恒心，不轻言放弃，再难的事，也能做成。没有恒心，遇到困难就放弃，最终只能一事无成，即使是再容易的事，也会成为困难的事情。

天下最难的事不过十分之一，能做成的有十分之九。要想成就大事业，就要有恒心，要以坚韧不拔的毅力、百折不挠的精神、排除纷繁复杂的耐性、坚贞不屈的品格，作为涵养恒心的要素。

梦想的实现，不是上天赐予的，而是日积月累中自我塑造的。千万不要存侥幸的心理，请相信：梦想永远属于辛劳的人，不轻言放弃的人，能坚持到底的人。

# 任何时候都要坚守希望

心中怀有希望，就能将事情做好。不管遇到任何问题或挫折，都要坚持下去，这样才能更接近成功。倘若放弃了希望，人也会一下子跌回低谷，甚至一败涂地。

在美国一家医院的病房里，一位病人病情严重，家人想了很多办法，但效果依然不好，家人情绪异常低落。可是医生却认为，病人不是没有希望，便按平常的惯例问病人："先生，你现在想吃点什么？"

病人听了，摇摇头，一句话也没说。

医生想用心理疗法进行治疗，便问："那么，你对什么感兴趣？"病人再次摇摇头。

医生没有放弃，接着问："你难道不喜欢工作，不喜欢打球，不喜欢喝酒吗？"

病人缓缓地张开嘴巴，用极其微弱的声音回答说："不喜欢！"

医生深吸一口气，打算继续问下去，病人的儿子说："大夫，身体好的时候我爸都没什么爱好，更别说现在了。"

医生听了，脸色变得忧郁起来，微微叹了口气，转身离开了病房。

病人的儿子看到这个样子，立刻迈步上前，追出了门，拉住医生："医生，我爸的情况是不是特别不好？"

医生说："我给很多病人治过病，但你爸……是彻底没希望了，因为他已经没有了任何欲望。他对生活没有眷恋，没有信心，这是治病的大忌！病人的康复，并不全在于医术，还在于病人的意志。"

医生治病救人，虽然需要具备精湛的医术，但也需要病人的求生欲望。很多时候，疑难病患者之所以能够康复，就在于他们有着强烈的求生欲念，对未来有着美好的渴望。有了这样的驱动，他们才会配合医生接受治疗，才能对治疗抱有积极的心态，才能让自己在最短的时间里恢复健康。

葡萄牙诗人费尔南多·佩索阿曾写过这样的诗句："你不快乐的每一天都不是你的。"对个人来说，生活是私有的东西。你可以选择快乐享受，也可以选择痛苦憎恶。无论选择哪种，都属于你的权力，没有人能控制或夺取。

有个年轻人出身贫寒，勉强读完高中就来到大城市打工。他学历很低，又没有一技之长，只能做一些不要求学历的简单工作，生活过得很艰辛。他做过建筑工人、洗碗工、清洁工、搬运工，都是短期兼职，没有一份工作能够长久，生活也一直稳定不下来。

听说快递员的工作不错，他就到快递公司应聘，开始了他的快递员生涯。夏天天气炎热，大部分人都躲在空调房里，他却顶着炎热的太阳到处跑；冬天，人们都躲在室内取暖时，他却迎着寒风冷雨四处奔走。如果客户态度不好，他还要不停地鞠躬道歉；不小心弄坏了快递，他还要拿出为数不多的存款赔偿。刚开始他负责的区域在这个城市最偏僻的郊区，每天他都要花数个小时在上班的路上。尽管吃了很多苦，可是他从未想过要放弃这份工作，因为这是他目前唯一可以留在这座城市的机会。见识过城市的繁华后，他想在这里找到属于自己的天地。

两年后，老板打算转让公司，他认真思考之后，向老板提出了接手公司的决定。老板知道，他是个勤劳肯吃苦的人，就用很低的价钱把公司转给他。从未学过管理的他并不知道怎么掌管一家公司，便利用送快递的休息间隙和业余时间阅读企业管理书籍，渐渐摸到了一些企业经营门道，他的公司也逐步走上了正轨。

不过，由于同行的恶性竞争，他的公司很快损失惨重，几乎破产。为了渡过难关，他想办法招揽更多新客户，提高运送效率，提高服务质量，给客户提供多种便捷的快递方式……凭借良好的服务，公司终于打赢了这场仗，在行业里慢慢站稳了脚步。经过几年的奋斗，他的公司从一家小型快递公司渐渐扩大为当地数得上的快递企业。

年轻的快递员为了做好工作，不辞辛劳，勇于吃苦，通过自己的劳动获得了老板的认可。最终，他低价接手了快递公司。这时候，他又遇到了新问题：没有学过管理，不会带团队。为了解决这个问题，他抓紧一切时机学习，终于得到了同事的认可。在公司走上正轨后，遇到恶性竞争，但他没有放弃，而是积极吸引客户，提高服务质量，打赢了这场攻坚战，让自己在行业里获得了一席之地。

希望，是创造成绩的巨大动力，不管在什么时候，都不能放弃。在人生的低潮时，坚持心中的希望，就能得到翻身的机会；把握每个可能会成功的时机，咬紧牙关熬过去，就会有低谷反弹的那一天。

心中怀有希望是成功的重要支撑，因为怀有希望，冼星海在直不起腰的阁楼上创作出激昂的乐曲；因为怀有希望，肯德基创始人在遭遇1009次拒绝后，终于找到了合作伙伴，使肯德基闻名世界；因为怀有希望，美国"100米栏女王"德弗斯在"坟墓病"的打击下奇迹般地获得了巴塞罗那奥运会冠军……这一切的成就都源自——不放弃希望，不放弃自己。

美国总统艾森豪威尔不仅掌握着最高明的高尔夫球技，还是真正的高尔夫球发烧友。只要一有时间，他就会出去打高尔夫球，他最大的梦想就是一杆进洞。

1948 年，艾森豪威尔成了奥古斯塔国家俱乐部的会员。可是，在高尔夫球场上，他从来都没有一杆进洞。因为在球道上有棵约 20 米高、100 多岁的火炬松，距离发球台左边约 190 米，致使第 17 洞的发球非常困难。这棵松树似乎也成了艾森豪威尔的克星，他曾经将很多球都打在了树身上。

这天，艾森豪威尔又一次来到了球场，跟好朋友罗伯茨一起打球。临近第 17 洞，艾森豪威尔站在发球台前，决定这次一定要避开火炬松。

艾森豪威尔深吸一口气，憋足干劲，猛力一挥杆，球又一次打到火炬松上。艾森豪威尔非常生气，狠狠地将球杆扔到地上大喊着："罗伯茨，把这棵讨厌的树给我砍掉！"

罗伯茨哈哈大笑起来，接着耸耸肩"推波助澜"："我看还是别砍树了，直接用你的昵称（艾克）叫他得了，'艾克之树'，哈哈！"

看到好友捧腹大笑的样子，艾森豪威尔也笑了。不过，艾森豪威尔却跟这棵松树较上了劲，决定想办法打败它。

1956 年的一天，艾森豪威尔又一次把球打到了这棵松树上，罗伯茨郑重地告诉他："这家俱乐部已经正式将这棵火炬松命名为'艾克之树'。"看到当年的戏言变成了现实，艾森豪威尔盯着松树看了很长时间。

后来只要有时间，艾森豪威尔就会到奥古斯塔俱乐部打球，多次跟"艾克之树"较量，一步步向着一杆进洞的目标前进……如此，打球不仅成了他缓解压力的好方法，更让他在较劲中尝到了乐趣。

1968 年，艾森豪威尔终于一杆进洞，实现了自己的愿望，那一年他 77 岁。

艾森豪威尔之所以能够在 77 岁时战胜"艾克之树"，就是因为他一直都充满了希望。正因为心中怀有打败那棵树的梦想，才成就了今天世人认识的艾森豪威尔。想想看，如果开始的时候，看到自己不能一杆进洞，他悲观失望，继而放弃，也就不会有后来的成功进球了。

希望，是一个人行动的方向标。只要我们坚持希望，再难的困境，也能摆脱；再大的挫折，也能克服。

# 成功就是要紧盯目标不放松

"水滴石穿"的故事很多人都听说过。一滴水，居然能够穿破坚硬的石头？这个壮举确实令人匪夷所思，但又切切实实存在于自然界中。小水滴之所以能够穿透石头，就是因为长时间瞄准目标，将注意力集中在同一个点上。

美国著名的激励演说大师莱斯·布朗，一出生就被父母遗弃。稍稍长大后，他被诊断为"尚可接受教育的智障儿童"，孩子们都嘲笑他，他也一度对自己失去了信心。升入初中后，他遇到了一位对他非常好的老师。老师告诉他："别人说你怎么样，并不代表你就是真的怎么样。"这句话彻底改变了布朗的命运，这位老师也成了他生命中的贵人。

布朗决定加入演讲会，为每个跟他身处同样处境的人呐喊助威，让每颗胆小的心灵都充满勇气，让每个普通生命都迸发出积极向上的力量。

为了争取到演讲的机会，布朗开始了不懈的努力。初期的他，资历不丰厚，没有个人魅力，经验稀缺，根本就无法获得演讲的机会。为了得到人们的认可，他连续不断地给人们打电话，问他们是否需要演讲。数量最多的时候，他一天会打出一百多个电话，结果不知不觉中左耳上居然生出了茧子——被话筒磨的。功夫不负有心人，他的努力终于换来了人们的肯定。

如今，布朗已经成了美国最受欢迎的励志演说家，演讲酬金每小时高达两万美元，他收获了大量的鲜花、掌声、金钱和荣誉。

在布朗的经历中，我们也能隐隐体会到一种辛酸。手上结茧子，记录的是农人的辛苦；脚上结茧子，显示的是长途跋涉的痕迹；耳朵上结茧子，见证的是布朗的挣扎、奋起过程。为了当励志演说家，布朗不断地打电话，靠着水滴石穿的精神，终于实现了自己的目标。他用自己的故事再一次告诉我们：唯一能让你达到终点的方法就是紧盯目标不放松。

每个成功都是经过艰苦努力换来的，都需要抛开羡慕和妒忌，拿出自己的力量来去拼搏奋斗。一定要记得，耳朵上的茧子，是坚持目标的结果。

千里之行，始于足下！人的一生中，总要设定一个奋斗目标；为了实现这个总目标，还要设定不同阶段的子目标。按照总目标的方向，逐一实现自己的子目标，才能达到终点。

大卫·柏培是美国伟大的植物学家，他的很多成果都来自对目标的执着。

一天散步时，柏培看到路旁长有很多样式普通的野花，不禁想道："虽然这些花长得很普通，乍看之下，没什么特别之处，但只要认真观察，也能找到与众不同之处。"他决定用花做个实验。

柏培选择了世人不太关注的金盏花，这种花会散发出一种臭味，他决定培育一种没有臭味的金盏花。以往的经验告诉他，想要实现这个目标只有一个方法，就是找出金盏花的变种——没有臭味的变种。

于是，柏培到世界各地收集金盏花的种子，一共收集了600多种。他将这些种子都种植在自己的花园里，开花时，他一朵朵地闻，但都有臭味。虽然情形不容乐观，但他继续寻找，终于找到了一株，虽然长得又丑又弱，但味道是香的。

大卫·柏培对这个结果并不满意，决定种植各式品种，共栽培了35亩。为了提高查找效率，花期来到的时候，他请亲朋好友一起帮着寻找——没有臭味、花朵大的金盏花。

大家一株株地检查，一朵朵地闻了一遍，场面异常壮观。经过众人的耐心寻找，终于发现了目标——一株样式美丽而没有臭味的金盏花。

这一研究成果，确立了柏培在植物学界的地位，知名度瞬间提高。

　　为了找到味道香的金盏花，柏培经过了反复的尝试。第一次种植，虽然没有得到理想的金盏花，但他没有放弃。第二次，为了找到理想的金盏花，不仅扩大了种植面积，还找亲朋好友帮忙。最终，靠着对目标的执着，终于找到了"样式美丽而没有臭味的金盏花"，同时也成就了自己在植物学界的地位。

　　也许你会说，为了一个目标，真正能坚持到底的有几个人？如果目标切实可行，坚持不了的原因有很多，或是因为决心还不强，或是因为重视程度不够，或是将目标当成了可有可无的一部分。但真正能坚持下来的人通常都有一个原因，把实现目标当作生命不可或缺的部分，每天每时每分甚至每秒，都在围着目标转。

# 有志也需要坚持到底

在这个崇尚创业的时代，很多人都投身到了创业中。为了让自己少走弯路，创业者们纷纷向马云、柳传志等成功人士学习。仔细研读他们的创业之路就会发现，这些人都有一个共同点——有志气，有志向，且能够坚持到底。他们总是用自己的亲身体验告诫着我们：即使心中怀有伟大的志向，也必须坚持下去，不能半途而废，要时刻铭记自己的人生愿景并为之奋斗。今天一个愿景、明天一个理想，时光流逝，只能让自己后悔莫及。

战国时期，有个青年人叫乐羊子，为了求得学识，外出拜师学习。他励志，一定要学成归来。

一年后，乐羊子回到家，妻子感到很惊讶，因为她知道用一年时间根本就学不到什么，便问："你只去了一年，就学完了，太快了吧？没听说有这么短时间就能学成的。"

乐羊子看着多日不见的妻子，说："我想家，回来看看你，过两天就走。"

妻子听了，心中微微一动，便随手拿起剪刀，指着织布机上的丝绸说："这些绸子都是从蚕茧中生出，又在织机上织成的。一根丝一根丝地积累起来，才能织成寸、成尺、成丈，需要花费很多时间，但只要用剪刀剪一下，前面的努力都会白费。求学和织布的道理一样，半途而废，与剪断绸布有什么区别？你还是学成再回来吧！"

乐羊子听了妻子的话，非常后悔自己的行为，立刻拿起包裹，转身离开。七年之后，他学成归来，做了魏国大将。

乐羊子在外求学，由于想念家里的妻子，于是放弃学业，回家探望。本来是一件好事，可是妻子不满意他的做法，甚至还用剪刀剪断丝绸给他上了一节富有意义的课——半途而废回家跟剪断的丝绸完全一样，要想有所成就，就要长期坚持，勤耕不辍。

这个故事虽短小却蕴含很深的道理，很多人也都耳熟能详。可是，真正进入社会之后，在创业的过程中，却忘了这个故事的训诫：有志却不能坚持到底，半途而废只会让你离成功越来越远。

钻石，经过数亿年的等待和磨砺，才能发出摄人心魄的璀璨光芒；玫瑰经过一生的等待，才能绽放出绚烂优雅的美丽芬芳。每一座山都有顶峰，每一条路都有终点，每一条河都有岸边，只要克服重重困难，坚持走下去，就一定能实现自己的理想。

凯尔·梅纳德出生在美国佐治亚州，在他从娘胎里出来的那一刻，护士就被吓坏了，因为他没有四肢，被医生确诊为"先天性四肢萎缩症"。

5 岁时，梅纳德进入小学。同学都觉得他很奇怪，躲得远远的，不跟他玩。为了勉励儿子，妈妈不断地给他讲述霍金、海伦·凯勒等人身残志坚的故事。在家人的关照下，梅纳德渐渐变得开朗起来。为了激励自己，梅纳德抄写了海伦·凯勒的名言"忘我就是快乐"贴在床头，每天早起和睡觉时，他都会对着镜子大喊 10 遍。渐渐地，阴郁之气从他的脸上挥去，他能坦然接受自己的现状了。

10 岁时，梅纳德对自己的命运进行了认真思考：这辈子我不能被禁锢在轮椅上。为了站起来，他开始练习走路。第一次练习时，梅纳德倚着凳子，试着用残肢站立，剧烈的疼痛让他摔倒在地板上，半天都缓不过气来。可是，不服输的他，却挣扎着爬了起来。结果站立后又摔倒，接着再爬起来……

一次又一次，梅纳德毫不犹豫地行走着。残肢上的皮肤磨破了，他就用绷带缠起来，在之后的练习中还会渗出鲜血，直到将绷带染得通红。经过 7 个月的坚持，梅纳德终于站了起来；一年后，他便能独自开车去华人诊所，接受针灸和推拿治疗了。此外，为了证明自己和正常人一样，他还养了两只澳洲袋鼠，奔波在各州间演讲……

梅纳德觉得自己的日子过得太单调，便跑到一家健身俱乐部，问老板："我能不能成为你们的学员？"对方看了看他，露出了惊讶的表情，竖起大拇指说："好！"

在俱乐部，梅纳德决定练习摔跤。学员们都觉得不可思议，因为摔跤是最富挑战性的运动项目。在无数诧异的目光中，他开始了自己的练习：压腿、深蹲、负重走、弓箭步跳……

2008年9月，佐治亚州举行秋季运动会。梅纳德知道这一消息后，立刻报了名。比赛那天，梅纳德发起主攻，用下身残肢绊住对手的双腿，再以最快的速度用自己的肩部和上肢将对手扑倒在地……最终斩获摔跤项目的冠军。之后，州长以州政府的名义把他推荐给国家队，梅纳德活跃在各大赛场上，他的顽强事迹感染了无数人。

不管心中怀有何种志向，只要坚持下去，就一定能实现。任何借口都不能成为阻碍你走向成功的因素，如果有，也只是因为你努力不够而已。梅纳德患有"先天性四肢萎缩症"，面对他人的嘲笑，他没有气馁，而是通过自己的不断练习，赢得了摔跤项目的冠军。被推荐到国家队后，他靠着坚强的意志，活跃在各大赛场上。连梅纳德这样的残疾人，都没有放弃自己，作为健康人的你还有什么理由放弃自己？

每个人都是朝圣者，都有自己的目标和誓愿，可是，由于各种客观和主观的原因，并不是每个人都能达到目标和实现誓愿，尽管每个人的目标和誓愿都不相同。其实，只要你上了路，坚持向目标靠近，就已经到达了，因为每个人的灵山都不一样。关键是要整装上路，要不断地向前走，能走多远走多远。

师徒两人从很远的地方去灵山朝圣，一边乞食一边赶路，为了在佛诞日那天赶到圣地，他们日夜兼程，不敢停息。

作为僧人，最重要的就是守信、虔诚、不妄语，何况是对佛陀发的誓愿。可是，在穿越一片沙漠时，弟子却病倒了。这时，离佛诞日已经很近。为了完成誓愿，师父开始搀扶着弟子走，后来又背着弟子走，但行进的速度慢了许多，三天只能走完原来一天的路程。

到了第五天，弟子已经气息奄奄，快不行了，他一边流泪，一边央求师父："师父，弟子罪孽深重，无法完成向佛陀发下的誓愿，还连累了您，您自己先走吧，不要再管弟子，日程要紧。"

师父怜爱地看着弟子，又将他背到背上，一边艰难地向前行走，一边说："徒儿，朝圣是我们的誓愿，灵山是我们的目标。既然已经上路，已经在走，灵山就在心中，佛就在眼前了。佛绝不会责怪虔诚的人，我们能走多远就走多远吧……"

美国作家格拉德威尔说过："普通人眼中的天才，看起来卓越非凡，但其实并非天资过人，往往都付出了超乎常人的持续不断的努力。"只要经过上万小时的锤炼，任何人都能超越平凡步入超凡。

# 简单的事情只要坚持，也能成就伟大的结果

　　海尔总裁张瑞敏说："把简单的事情做好就是不简单，把平凡的事情做好就是不平凡。"古人也曾说："天下难事，必作于易；天下大事，必作于细。"这些言论都精辟地指出：想成就一番事业，就要从简单的事情做起，从细微之处入手，认真做好每个细节。

　　可是，在现实社会中，与"差不多""大概"的观点相适应，很多人都存在做大事的想法，却不愿意或不屑于做小事。正如汪中求先生在《细节决定成败》一书中所说的："芸芸众生能做大事的实在太少，多数人的多数情况总还是能做一些具体的事，琐碎的事，也许过于平淡，也许过于鸡毛蒜皮，但这就是工作、是生活，是成就大事不可缺少的基础。"可是，事实告诉我们，只有通过做小事的认真，才能提高处理大事的能力。

　　日本一家公司想租用一艘船坞，派员工山田到港口咨询相

关事宜。因为距离太远，当山田马不停蹄地赶到港口时工人已经下班。

山田向周围看了看，看到不远处有几个工人在抽烟聊天，便走了过去。

山田微微一笑，问："我想从这里租赁船坞，请问，该找谁？"工人们依然在聊着自己的话题，并不搭理他，就像没看到他一样。

山田没有觉得对方无礼，又问了一遍。这时一个人没好气地回答："没有多余的船坞了。"

看到有人说话了，山田接着问："什么时候能租到？租金多少？"

说话的工人觉得山田很不知趣，用眼睛狠狠地瞪了他一下，之后就继续聊天，当他不存在。

山田没有放弃，找了个借口，问："我的烟瘾也犯了，能否给支烟？"

出于礼貌，有个人递给山田一支烟。他接过烟，说："谢谢。"同时，他拍了拍那个人的肩膀。

之后，山田又向另一个工人说："能否借个火？"点烟时，他拍了拍那个人的手。

山田通过借香烟，终于拉近了自己与工人的距离，说："我女儿总劝我戒烟，但我总是戒不了。她总用他们老师教育他们的话告诉我，吸烟会引发肺癌！"

想到家人也有类似的担心，工人们纷纷点头。打开了聊天的缺口，他们就着这个话题聊了一会儿。

之后，一位工人告诉他："要想在这儿租船坞，就要先到港口租一条船。"

就这样，山田从工人那儿得到了有用的信息，为租船坞提供了便利。

在一般人看来，当山田第一次被拒绝时，这件事就已经没有希望了，应该放弃。可是山田并没有放弃，而是坚持了下来，并获得了自己想要的信息。连套取信息这种小事都能坚持一下才做到，其他事情更是如此！不管在任何行业，都会遇到困难，可是即使是简单的事，只要坚持下去，也能将事情做好。

任何伟大的事情都是由简单的事情组成的，只要我们将众多简单的小事做好了，大事也就做成了。因此，对于简单的小事，也要认真做，不能忽视。

在一个演讲大厅里，台下坐满了听众，大家都在急切地等待着即将上台的演说家。

大幕徐徐拉开，人们一眼便看到，舞台的正中央吊着一个巨大的铁球。为了这个铁球，台上还搭起了一个高大的铁架。

很快，演说家走了出来，掌声四起。演说家走到铁架的一边，站定。他穿着一件红色的运动服，脚下是一双白色的胶鞋。

人们惊奇地望着他，不知道他要做什么。

两位工作人员抬着一个大铁锤，放在演说家面前。主持人对观众说："现在，我们邀请两位身体强壮的人，到台上来。"听众纷纷站起来，两名年轻人快速地跑到台上。演说家微微一笑，讲述了规则：用大铁锤敲打那个吊着的铁球，直到把它荡起来。这件事似乎很容易。

一个年轻人弯腰抢着拿起铁锤，拉开架势，抡起大锤，用力向吊着的铁球砸去。"咚！"声音震耳欲聋，在扩音器的作用下，声音更显夸张。有些听众甚至还立刻捂住了耳朵，可是吊球却一动不动。他不断地用大铁锤砸向铁球，观众纷纷为他加油，很快他的头上就冒出了汗，气喘吁吁，停了下来。

第二个年轻人也不示弱，他接过大铁锤，把铁球打得叮当响，可是铁球仍旧一动不动。台下的呐喊声渐渐微弱，观众似乎认定那是没用的，都等着演说家继续表演。

会场逐渐恢复了平静，两位年轻人回到座位。演说家从上衣口袋里掏出一个小锤，认真地对着铁球"咚"地敲了一下，停顿一下，再用小锤"咚"地敲一下……

20分钟过去了，演说家一句话没讲，听众感到很奇怪，会场开始骚动，人们用各种声音和动作发泄着他们的不满，有人甚至还喊出了脏话。演说家却专心地用小锤有节奏地敲着铁球，丝毫没有受到下面的影响。

有些人不理解演说家的用意，也不打算等待，悄然离去，会场上出现了大片空位。留下来的人们好像也喊累了，一声不吭。会场上安静极了，只剩下小锤敲打铁球的声音持续不断地响着。

就在演说家敲击到大约 40 分钟时，坐在前面的一个妇女突然尖叫一声："球动了。"人们纷纷伸头看过去，聚精会神地看着那个铁球。果然，铁球以很小的幅度摆动了起来，不仔细看很难察觉。

演说家继续一锤一锤地敲着，铁球越荡越高，拉动着铁架"哐哐"作响，巨大的威力强烈地震撼着在场的每个人。台下爆发出一阵热烈的掌声，演说家转过身来，把那把小锤揣进兜里，说："在成功的道路上，没有耐心去等待成功的到来，只能用一生的时间去面对失败。"

用铁锤敲击铁球，是多么简单的一件事，连小孩子都会。可是，真正能坚持敲击的人少之又少。敲击一下两下还可以，让一个人重复成百上千次，很多人可能就不愿意坚持了。因此，能否将小事坚持下来，就是成功者和失败者的最大区别。能够将一件小事重复上千次的人，做事就能取得成功；而中途选择放弃的，注定只能做个失败者。

天下之事不难，难在持之以恒。每天坚持做一点儿，以愚公移山的精神坚持做下去，总能将事情做完；每天进步一点儿，一年 365 天就是 365 个进步，结合起来，就会爆发出巨大的力量。

　　坚持，是助人超越平凡时经久不变的黄金法则。成功者不一定比别人拥有更多东西，只是因为他们更加有毅力、有耐心，即使是简单的事情，也会坚持做下去，最终将简单变得不简单，也成就了自己。

## 第五章

# 冒险

## 不敢冒险，才是最大的风险

- 不敢冒险的人，永远都无法取得大成就

- 勇于打破常规，才能更好地把握机会

- 敢于冒险，就不要害怕失败

- 冒险不等于莽撞蛮干

- 成功不是孤注一掷的冒险

# 不敢冒险的人，永远都无法取得大成就

对于我们来说，要想成就一番事业，取得卓越的成功，就必须把自己从胆怯和懦弱的思想中解救出来，敢于冒险。

有人说："人生最大的价值就在于冒险，整个生命就是一场冒险，走得最远的人常是愿意去冒险的人。"其实，冒险不仅是一种勇气和魄力，其最重要的意义在于，无论最终的结果如何，奋斗和拼搏从来都没有停止过，而这种精神是最弥足珍贵的。

乔布斯是计算机行业最早的梦想家之一，1985 年被苹果公司解雇，之后又被请回公司。结果，他不仅把苹果公司打造成一家科技巨头，还帮助其创立了皮克斯公司。现在，皮克斯是全世界最成功的动画制作公司之一。

乔布斯带领苹果公司进行了多次冒险，最早的一次便是与竞争对手微软建立合作伙伴关系。因为乔布斯当时觉得，如果公司想长远发展并再度繁荣，必须放弃某些东西，同时他还认为，苹果和微软的竞争时代已经结束，应该多进行一些合作。于是，便有了苹果跟微软的合作。

还有一次冒险是发生在 2010 年。那一年，随着 iPad 向市场推出，苹果进入平板电脑市场。在之前，许多企业都想进入这个市场，但都以失败告终。对于苹果的行为，很多人都不赞同：《华尔街日报》说，苹果推出的这款产品是一场豪赌；许多分析师认为，当时的消费者还没有做好接受平板电脑的准备，平板电脑无法满足多数用户的期望和需求；有些人认为，平板电脑只适合于阅读，而亚马孙的 Kindle 阅读器已经做得相当成熟。可是，乔布斯却不这样认为，坚持开拓 iPad 市场，最终这款平板电脑受到了众人的欢迎。

在苹果的成长过程中，乔布斯进行了多次冒险，上面提到的只是其中的一两件，具体到其他的冒险行为，只要感兴趣，完全可以自己到网上查询到。

市场是一场豪赌，成功是一次豪赌，只有敢于冒险，敢于牺牲的人，才会冲出险境，才能赢得成功的机遇，才能得到他人的认可。

风险与机遇就像一对孪生子，同时存在。如果想经过自己的努力获取财富，赢得成功，最大的秘诀就在于敢于冒险。虽然说，冒险不是成功的唯一保证，但不冒险绝对无法成功。

冒险，可能让你倾家荡产、穷困潦倒，但真正的强者依然还愿意尝试。纵观世界富豪的发家史，冒险就是他们不可或缺的特质之一。洛克菲勒就以自己的自信、超强的判断力及少有人及的魄力创建了属于自己的商业帝国。他还对自己的儿子说："人生就是不断抵押的过程，为前途我们抵押青春，为幸福我们抵押生命。不敢逼近底线，你就输了。"

1859 年，美国安德鲁克拉克石油公司公开拍卖股权，底价为 500 美元，洛克菲勒和合伙人也参与了这次拍卖。当价格攀升到 5 万美元时，很多人认为，此价格已经大大超出了石油公司的价值，对手纷纷退出。洛克菲勒却决定买下这家公司，最后以 7.25 万美元的价格得到。

当时，石油的开采和出售都有很大的风险，很多人都认为洛克菲勒的举动很不理智。可是，没过多长时间，洛克菲勒就用事实证明了自己！那时候，洛克菲勒已经控制了美国市场 90% 的炼制石油。

这桩石油生意为洛克菲勒帝国的建立打下了坚实的基础。事后，只要一想起那次拍卖，洛克菲勒就会激动不已。其实，洛克菲勒在竞拍的过程中也曾犹疑过，但胜利的决心最终促使他镇定了下来，并告诫自己："不要害怕，既然想做大事，就要敢于冒险。"

虽然我们都没有亲眼见到那次拍卖的场景，但可以想象一二。那种感觉就像在赌场上赌钱，惊心动魄。那是一场豪赌，只要敢押上金钱，就能赌出美好的人生，当然也可能血本无归。洛克菲勒的故事告诉我们，冒险精神奠定着一个人的成功之路。洛克菲勒觉得，拍卖简直就是一次次的赌博，这里不仅靠的是运气，还有勇气，以及冒险精神。敢于拿自己的身家性命去赌，就能赢得光辉的人生。大赌，大赢；小赌，小赢；不敢赌，不敢冒险，什么也得不到。

从本质上来说，生命也是一次冒险，遇到风险的挑战，不主动迎接，只能被动地等待风险的降临。

为了进入股市，约翰想跟父亲洛克菲勒借钱，但又感到焦虑不安。因为他害怕输，向父亲借钱，还需要支付利息。洛克菲勒知道后，乐观地对他说："儿子，借钱并不是坏事，不会让你破产。在我认识的富翁中，靠自己点滴积累挣钱发达的人很少，多数人都是靠借钱而发财的。因为，一块钱的生意远比一百块钱的生意赚得少。"可是，那种怕冒险的感受，总是困扰着约翰，以致每次借款前，他都会在谨慎与冒险之间犹豫不决，甚至彻夜不眠。幸亏，每次约翰都能再次打起精神，重新鼓起勇气，迎接新的挑战。

与他不同，在父亲洛克菲勒的一生中，曾多次冒着极大的风险欠下巨债，甚至不惜把企业抵押给银行，但最终创造了卓越的成就。

洛克菲勒父子的故事告诉我们，成功者一般都是敢于冒险的人！正是因为他们敢于冒险，敢作敢为，才能够走在胆怯者的前面，提前一步发现机会、赢得机会。

年轻时，我们似乎都豪情万丈，天不怕地不怕，可是随着年龄的增长，每天想着房子、工作、养家糊口等日常生活琐事，也就没有了年轻时那种敢于"上九天揽月、下五洋捉鳖"的勇气。是我们改变了生活，还是生活改变了我们？我们的思想越来越复杂，因为有了越来越多的舍不得、越来越多的顾虑，总在徘徊、总在犹豫。

刚进入社会，生活的重担会压得我们喘不过气来，挫折和障碍会堵住四面八方的通口，只有逼迫自己发挥出潜能后，才能杀出重围，找到出路。两三年后，身上的重担开始慢慢减轻，工作也顺风顺水，就会松懈下来，渐渐忘记潜在的危险。直到有一天危机突然降临，在手足无措中被击败……如果想跨越目前的成就，就不能画地为牢，要勇于接受挑战。

在这个世界上，任何通向成功的道路都是充满荆棘的，并不会铺满鲜花，要想取得成功，就必须敢于冒险。其实面对很多事情，一个人真正的危险反而在于其不敢冒险。

当然，冒险并不是纯粹的"赌博"，也需要一定的方法技巧。只要掌握这种技巧，从风险的转化和准备上进行谋划，风险也就不再可怕。敢于冒险的人看似突然做出决定，行他人之不敢行，其实他们大都是做好了充分的准备。在决定一件事情之前，他们会先想到结果，如果失败了会怎样？最大的损失会是什么？如何应对这最坏的结局？虽然说事业的成功属于敢于冒险的人，但孤注一掷也会给自己带来灭顶之灾。

　　总之，只有具备敢于冒险的进取精神，勇于打破常规，才能更好地把握住成功的机会。正如洛克菲勒对自己的孩子们说的那样："你正朝着赢得一场伟大人生的方向前进，这是你一直以来的目标，你需要勇敢，再勇敢。"

# 勇于打破常规，才能更好地把握机会

循规蹈矩，沿用老祖宗的方法，只会将自己的思维禁锢起来；只有敢于打破常规，才能发展思维，才能实现创新，继而抓住更多的机会。

古希腊的亚里士多德认为：物体下落的速度不同，下落速度跟重量成正比，物体越重，下落速度越快。之后的 1900 多年，人们都坚持这一真理。可是，伽利略根据自己的经验推理，大胆地对亚里士多德的学说提出了质疑。认真思考之后，为了提高说服力，他决定亲自在比萨斜塔做一次实验。

1590 年的一天，伽利略站在了比萨斜塔上。他手里两个大小一样的铁球：一个是实心的，重一些；一个是空心的，轻一些。塔下站满了人，大家议论纷纷。有人讽刺说："他不是有病吧，连亚里士多德的理论也敢怀疑？"声音顺风而来，传入伽利略的耳朵，但他就像没听到一般。

实验很快开始。伽利略举起手里的两个铁球，大声向下喊着："看清楚，铁球就要落下去了。"说完，他将两只手同时张开，两个铁球掉落下来，几乎同时落到了地上。

看到这个情景，人们都惊得说不出话来。

这就是著名的比萨斜塔试验，它不仅揭示了落体运动的秘密，也是对亚里士多德学说的最直接挑战。其实，很多人都能做这个实验，但为什么别人不去做甚至表示反对呢？这是因为很多人信任权威，不敢对已经形成的常规认识提出挑战，对创新思维产生了惰性。

突破常规并不是一种意识和观念，还是一种技巧和方法。面对激烈的竞争，不仅要善于打破常规，更要学会反其道而行之，独辟蹊径，出奇制胜。有时，为了实现大目标，就需要采取一些非规则、反规则的手段来扫清障碍、加快运作，才能达到最好的效果。

1886 年，美国佐治亚州的亚特兰大发布了禁酒令。药剂师约翰·彭伯顿挑选出几种特殊成分，发明出一款美味的糖浆，在药店进行销售，年销售量平均为 9 瓶。会计师弗兰克·罗宾逊还为其起了一个响亮又易记的名字——"可口可乐"，一直沿用至今。那时候的"可口可乐"糖浆不包含气体，直接兑上凉水，就能饮用。

1887 年发生的一件事，诞生了今天我们所喝的可口可乐。

那一次，有人把"可口可乐"糖浆与苏打水混合在了一起，结果发生了奇迹，糖浆变成了可口的碳酸饮料，这就是今天家喻户晓的可口可乐。

"可口可乐"发现的经过告诉我们，要想有所创新，有所成就，就必须敢于打破常规。

在做一件事情的时候，很少有人会想应该怎样做，只会按照自己或习惯性的方法直接开始行动，这就是我们说的常规。常规一般都隐藏在人们的思维和习惯里，就像计算机中安装的固有程序一样。可是，究竟为什么必须按照固有程序来操作，似乎没有多少道理可讲，既然大家都这样做，我也就跟着做。但事实证明，很多事情，按照常规思路是很难取得理想结果的。

市场经济为我们提供了一个舞台，只有敢于打破常规，才能改变自己的命运。

许多人经常会抱怨自己能力不够，干不了大事。其实，心理学家研究发现，人们使用的能力只占据了个人能力的2%~5%。也就是说，每个人可挖掘的潜力都非常巨大，打破常规的创造性思维无疑是发掘这种潜力的最好方法。

早在我国古代，就出现了很多不拘泥于常规的故事。比如：宋代司马光砸缸的故事可谓是家喻户晓，可是人们更多的评价是他的机智，忽略了他打破常规的思维方式和心态。设想，如果当时的司马光陷入常规思想的枷锁，掉进水缸里的孩子可能已淹死，在似乎凭己之力难以解决的当下，只有打破常规，才有可能化险为夷、扭转乾坤。

进化论的创始者达尔文也是一个具有创造精神的人。当时教会占统治地位，人们深信上帝，他却敢于创新，从科学的角度阐述了自己独特的观点，虽然当时不被人们所接受，但后来却成了生物界发展的主流，他也因此名扬全世界。

打破常规是一种智慧，更是一种创新。无论面对生活中的大小事情，都不要墨守成规，不要一条胡同走到黑，只要打破常规、换种方式，就能柳暗花明。

# 敢于冒险，就不要害怕失败

为了实现自己的理想，很多人都会去冒险做一些事，也敢于冒险，但对于失败总是心生畏惧，总会问自己：失败了，该怎么办？其实，获得成功的过程就是一个与失败不断较量的过程，用错了方法、耽误了时间、能力不够……都会导致天平向失败一方倾斜。

失败，很正常，既然成功离不开冒险，就不要害怕失败。因为，冒险和失败总是如影随形。

年轻人准备出远门，动身前特意去拜访族长，请求对方给自己一些意见。见到族长的时候，族长正在练字。听了年轻人的讲述，族长直接提笔在纸上写了三个字——不要怕，之后说："孩子，人生的秘诀一共有六个字，今天我先告诉你三个，足够你受用半生了。"接受了族长的馈赠，年轻人便告辞。

30年后，年轻人回到了家乡，这时候他已经做出一些成就，但也多了很多伤心事。为了解除心中的困惑，他又去拜访族长，不料老人家已在几年前去世。听了年轻人的讲述，族长家人取出一个密封的信封说："这是族长生前留给你的，他说你一定会再来。"

年轻人倍感惊讶，吃惊于族长的预见能力。之后，他拆开信封，抽出一张纸，上面端端正正地写着三个字——不要悔！

"不要怕，不要悔"——简单的六个字就道出了人生的奥秘。人生就是循环往复不断上升的，遇到危险，不要怕；失败了，也不后悔，才能实现自己的目标，才能登到最高峰。

一位哲人曾经说过："生活总是无法避免失败，失败无所不在。任何时间、任何地点，生活的各个方面都会有失败的可能。"在生活中，无论我们做什么事情，都可能遭遇失败，最关键的是遇到这种情况，要保持一种积极乐观的心态，不要灰心，更不要害怕失败。

洛克菲勒曾经告诉自己的孩子："人人都厌恶失败，可是一旦害怕失败变成了你做事的动机，也就走上了怠惰无力之路。不仅可怕，还是种灾难。只要不变成习惯，失败是件好事。""只要不变成习惯，失败是件好事。"简简单单的一句话，却包含着很深的内涵。很多优秀者之所以能够取得成功，也是因为他们不怕失败、敢于面对失败，并从失败中汲取了经验和教训。

对于发明家爱迪生，很多人都表示羡慕和钦佩。可是，又有几个人能想到，爱迪生的发明都是建立在不计其数失败的基础上。

发明电灯时，为了找到灯丝材料，爱迪生不断地尝试，一共失败了1200多次。有人劝他放弃："试验了上千次都没有成功，难道还要继续失败下去？"可是爱迪生却说："我并没有失败。我已经发现1200多种材料都不适合做灯丝了。"这就是爱迪生对待失败的态度。

爱迪生的故事告诉我们：失败固然会给我们带来痛苦，但也能使人有所收获；失败的存在，能让我们发现自己的缺点和弱势，进而逐步改正和弥补，最终走向成功。

在洛克菲勒和伙伴刚刚进入商界时，遇到了一场灾难性风暴，可是他们没有担心害怕，没有退缩，反而大赚了一笔。

当时，他们和一位大豆供应商签订了一笔合同，购进一大批大豆。没想到，几天后就发生了霜冻，多数大豆遭受损毁。同时，供货商人品不良，还在大豆里掺了沙土、豆叶、豆秸等。

面对这个情况，洛克菲勒既没有沮丧，也没有被击倒，更没有沉浸在失败的痛苦中，再次向父亲借了一笔钱。为了使自己的经营超过别人，洛克菲勒广泛地发布了广告，告诉潜在客户：他们能提供大笔的预付款，还能提前供应大量的农产品。

结果，洛克菲勒和合作伙伴不但没有受到"大豆事件"的影响，反而赚了一笔可观的利润。

不可否认，洛克菲勒确实是个聪明的失败者。因为他知道向失败学习，能够从失败的经验中汲取成功的因子，懂得用各种方法去开创新事业。任何大事的成就都包含一定的风险因素，要想有所成就，就要不怕失败。

失败，没什么可怕的，可怕的是失败之后意志消沉。走路的时候跌倒了，爬起来还可以再走；工作不如意，并不代表你比别人差，更不意味着你已经无可救药。积极面对失败和困难，锐意进取，这次的失败一定孕育着下次的成功。

失败并不是一件坏事，经历并忍受失败，才能真正走向成功。事实证明，任何成功者都经历过失败，没有失败的成功是不完整的。

想到阿里巴巴的辉煌，很多人都羡慕马云，其实马云也是从失败中一步步走来的。

1982 年，18 岁的马云参加第一次高考，结果名落孙山。马云选择了复读，结果高考再次落榜，无奈报考了杭州师范学院（现杭州师范大学）。1995 年，马云创建了"海博网络"，主做产品中国黄页。马云推销中国黄页时，很多人都认为他是骗子，第一次创业以失败告终。1999 年，马云离开中国国际电子商务中心，开始第二次创业。就在这一年，他的阿里问世。

不要羡慕别人的成功，在我们羡慕他人享受好生活、拥有大公司的时候，要多想想，人家是如何应对失败的！

无独有偶！小米手机的创始人雷军，也是从失败中一步步走来的。大学期间，雷军受到《硅谷之火》乔布斯的启发，和同学一起创办了名为"三色"的技术公司，但最终散伙。1992年，雷军加盟金山公司，当时的金山是业界的"扛把子"。但由于雷军坚持做WPS，让金山错过了互联网发展的黄金时期，导致今天仍面临重重困境难以突破。当1998年马化腾创办腾讯，1999年李彦宏创办百度，1999年年末马云创办阿里巴巴时，雷军在金山的事业成就并不成功。所以，当2007年金山上市后，雷军宣布退休。

俗话说，上帝为你关上一扇门，就会为你另开一扇窗。2011年，年过40岁的雷军正式复出，创办小米科技。在这条路上，雷军克服重重困难，集中所有精力去研究产品。最终他获得了成功，小米的MIUI用户持续攀升。由此，雷军被称为"雷布斯"，他还曾获得"中国经济年度新锐奖"。

任何成绩的取得都是由失败堆积而成。凡是有所成就的人，都曾经勇敢冒险，也都不曾害怕失败。

# 冒险不等于莽撞蛮干

俗语"不入虎穴，焉得虎子"告诉我们：做事要有一定的冒险精神。一味地墨守成规，在事业上将很难有所突破。古往今来，成大事者，无一不具有冒险精神。可是，冒险也不等于粗枝大叶。大大咧咧，不关注细节，这样的冒险只能葬送了自己。

正如前福特汽车公司总裁菲利浦所言："假若缺乏冒险精神，今天就没有了电源、激光光束、飞机、人造卫星，也没有盘尼西林和汽车，成千上万的成果将不可能存在。如果生活在一个没有冒险的世界里，我们必将面临重重危机。"

福特汽车是一家具有冒险精神的企业，它的创立者亨利·福特是个了不起的冒险家。亨利·福特在制造著名的 V8 汽车时，明确指出要采用一种新式的八缸发动机，而且这八个汽缸要作为一个整铸模出来。可是实际操作时，很多工程师认为一个引擎装八个汽缸是根本不可能的事情，因此都和福特产生了分歧。

其中一个工程师还以一年的薪水作为赌金，赌这种设计没有人能够完成。

福特和这名工程师签下了赌约，因为他坚信，尽管当时的市场上没有这种车，但不代表永远不会出现，只要多进行改进和创新，一定能制造出来。在福特的坚持下，经过工程师大量的研究和试验，终于设计出了八缸引擎，并正式生产了出来。

到了福特与工程师履行赌约的时候，福特对他说："你可以领走你的薪水，但看来你不适合在福特公司工作了。"因为在福特看来，一个人如果没有冒险精神，他将永远不会超越自己，最终必然会被不断进步的社会所淘汰。

后来，冒险精神成为福特汽车的重要文化，凭借没有"不可能"的执着态度和敢于创新的精神，福特成为享誉世界的"汽车大王"。

冒险精神是成功者的一个重要素养，但这里的冒险不是盲目的，不是无方向的、不是毫无目的的，需要以谨慎周密的判断为基础。

我们鼓励冒险，但决不提倡蛮干。蛮干一般不会经过考虑，直接行事，也不会考虑到事情后果的严重性；而冒险则是充分认识到事情可能发生的后果，并对将要发生的后果，做好充分准备，即使不能成功，损失也不会太大。

冒险决策之前，不要问自己能赢多少，而要问自己输得起多少。一点儿把握都没有就盲目冒险，闭眼蛮干，胆量越大，赌注下得越多，损失就越大，离成功也就越远。

　　在做石油事业的富翁中，有一个叫保罗·盖蒂的人。保罗小时候家里很清贫，爸爸在一家小公司上班，工资很低，勉强度日。为了补贴家用，妈妈只能为别人做些缝缝补补的工作，赚些零钱。

　　生活在这样的家庭环境中，保罗从小就很懂事，学习也很用功，空闲时间就出去打零工。大学毕业后，他用自己打工积攒下来的钱进行创业。几经沉浮后，他仅用500美元就购得了一个矿区用来探测石油。可是，石油的钻探并不容易。一方面，他缺乏资金购买设备，不得不找父亲合作，让父亲投资机械设备，占公司70%的股权；另一方面，在当时石油开采行业中钻井的成功概率只有5%左右，也就是说钻1000口井，能够获利的很可能只有5口。

　　当时，从事这一行业的人很多，多数石油开采者都抱着一种投机的心态，仅仅凭着对土地的灵感去钻探，总觉得只要努力勘探，一定会出油。跟这些人不同的是，保罗不仅对土地有灵感，还努力学习地质学，仔细地听专家的意见，收集了众多资料。

　　在工作人员的日夜努力下，保罗成功地挖出了一口日产720桶原油的油井。三天后，保罗·盖蒂果断地将这口油井转卖出去，获得了总利润的 30%——11850 美元。半个月后，他又将这块矿区转租给其他石油公司，从中获利 12000 美元，这成为保罗赚到的人生的第一桶金。有了第一次的成功，保罗坚定了对石油行业的信心，凭借自己的智慧和胆量，率领团队又在其他地方挖出了更多的石油。

成功需要冒险，但要是建立在正确的思考与对事物的理性分析上，不能粗枝大叶、闭眼蛮干，也不能只求前进而不管实际，否则，所谓的冒险就成了莽撞。

无论何时，当你准备去进行一次不寻常的行动时，一定要有冒险精神。但在冒险之前，一定要分清楚哪些是敢作敢为，哪些是莽撞蛮干。在行动之前，不要问自己能赢多少，而应该问自己输得起多少。

冒险不是蛮干，而是对一个人胆量、胆识、胆略的考量。它与成功常常结伴而行，要想获得巨大的成功，就要学会冒险。许多成功人士不一定比你"会"干，重要的是他们比你"敢"干。但这种敢干敢冒险必须建立在理性分析、有必胜把握的基础上。冒该冒的险，才是真正地挑战自我！

# 成功不是孤注一掷的冒险

具有冒险精神的人在成功的路上占有很强的优势，但生活对于每个人来说可能并不是孤注一掷的冒险，而是在每一天平淡无奇的重复中通过自己的努力遇见另一种可能。

在股市中，每天都在上演着一夜暴富的神话，很多人被这种景象迷得晕头转向，认为自己很可能是下一个幸运儿。所以，很多初入股市的人会说"我相中了……股票，这么几天就涨了……""我只买了……股。如果全仓都买了，现在就能挣……"等类似的话。可是，很少有人想过，孤注一掷，全仓投入，到底会带来怎样的后果。在股市这个充满风险的市场，一招不慎，就会赔得精光，孤注一掷在任何时候都不是一个好选择。

赌场上，赢家的光鲜总是让人羡慕。所以很多赌徒都选择孤注一掷，很可能会血本无归；也可能会一时赢钱，但如果赢钱后不主动离场，后来的某一刻还是会失去一切。

在追求成功的路上，那些在无知无畏的情况下，将自己的全部都投入进去的人，是孤注一掷的冒险家；但那些做了周密的计划，做好了风险防控，再投入全部的人，就是扎实的行动派。两者的区别不在于是否投入全部，而在于你是不是经过了认真思考。

失败是不需要计划的，但要想有所收获，就要制定一个周密的计划，需要经过缜密的思考，并一步一步地去实践。古今中外，事业有成者都具备两点：一是有着清晰的事业目标；二是朝着目标不停地奋斗。前怕狼后怕虎，畏首畏尾，是无法成就大事的，但冒险绝不是莽撞行动，多数情况下还需要稳扎稳打。

很多时候，冒险也要有所准备和计划，而不是初生牛犊不怕虎地鲁莽行事。《孙子兵法》在一开篇的时候就强调要"知己知彼"，用到做事上就是一方面要了解自己的能力和特点，另一方面要了解事情本身，这样才能掌握全局，获得成功。

世上没有两个完全一样的人，就像世上不存在两片完全相同的树叶。每个人都有自己擅长的和不擅长的，有自己的态度和方法，对自己有一个完整的认识非常重要。这里推荐使用SWOT分析法，将自己的优势、劣势、机会和威胁逐一分析，就可能清楚地认识到自己能做什么事以及如何做了。

我们也可以用SWOT分析法对一件事进行分析，以便充分了解要做的事情。比如，事情的难度、将来会遇到哪些困难、这些苦难应该如何去解决、解决不了时怎么办、事情都解决了是什么结果、事情没有解决又是什么结果、成功的概率有多大，等等。

鲍春来，在羽毛球界曾经排行第二，与林丹并称"中国男单双子星"。鲍春来因病于 2011 年 9 月正式退役，因为他长得高大帅气，收到了很多工作邀请，有模特公司、演艺公司、音乐制作公司等。机缘巧合，国内时尚旅游节目《我是冒险王》邀请他担任主持人。鲍春来一下就接受了，因为他的偶像是美国《荒野求生》节目主持人——贝尔·格里尔斯，觉得像贝尔那样走进沙漠、沼泽、森林、峡谷等环境恶劣的环境中，寻找回到文明社会的过程十分好玩。

这件事看上去很美，但鲍春来却马上遇到了下马威——过普通话关。鲍春来是湖南人，湖南人不分翘舌、平舌和鼻音、边音，平时与人交流没这么多讲究，可想做好主持人，操一口湖南腔的普通话并不合适。而且，国家也有明文规定，从事主持人职业必须持有普通话等级证书。

鲍春来明白自己的不足，想尽一切办法弥补，一方面找播音主持系的老师来辅导自己，每天听新闻电台时，跟着播音员喃喃自语，看报纸也会情不自禁地读出声来，遇上拿捏不准的字，还会记在心里，有时间就翻出词典查证一番。身边很多朋友都说他有点儿走火入魔了，他笑着说："以前我是靠打球吃饭，马上就要靠嘴皮子吃饭了，不好好练习，丢人不说，也对不起观众啊！"

就这样，过了一个月，鲍春来顺利地通过了电视台的面试，如愿以偿地成了 2012 年的冒险王。他的第一期节目在查干湖，可谓真正的冒险。当地气温低到零下 30 摄氏度，走在冰封的湖面上，脚下的冰层会发出"噼噼啪啪"的裂缝声，让人倍感寒冷侵体之苦。

身为外景主持人，鲍春来除了要拿话筒说话，还要抓起重 20 斤的铁锹在七八十厘米厚的冰上凿出冰洞，并在当地渔民的帮助下撒下渔网，然后跟大家一起把渔网拉上来。整个过程中，鲍春来的手被冻麻了，他就抓一把雪使劲搓热；脚被冻麻了，就使劲儿在冰上蹦几下。拉网时，他被拖得东倒西歪，加之冰面湿滑，还摔了好多个跟头。录完节目，鲍春来身上出现了不少伤痛——青紫七处、崴脚一次、被夹着干雪的北风肆虐鼻腔毛细血管喷鼻血一次。不过，这种不一样的冒险体验，让鲍春来对自己的新工作有了信心。

之后，他经历了走南闯北的大冒险，他也被带到了海南岛的大洲岛，和金丝燕来一次亲密接触。这个过程经历的苦难不亚于查干湖，他深入高山林地，还要经历鸟类的自我保护。在湖南州市宜章县莽山腹地，他见识了中国体型最大的巨型毒蛇——莽山烙铁头。在这些过程中，皮肉之苦对鲍春来都不算是一种挑战，他甚至是拿生命在冒险……

在担任冒险王的一段时间里，鲍春来经历了很多惊险而刺激的场景，比如去武当山探访世外高人、在药王谷拜访高龄寿星、在茶卡盐池赤脚泡在冰点以下的盐卤水里、在玉树三江源挖虫草、还在西双版纳为野象喂药打针……他流过汗、流过血、受过伤，也害怕过、恐惧过。

虽然鲍春来晒黑了，皮肤也变得粗糙了，外貌没有以前帅了，但却更有男人味了。但是，这份新职业可以让任何人都对他竖起大拇指赞一声——帅。

其实，对鲍春来而言，退役后转行是一场冒险。面对诸多选择，他没有盲目冲动，而是认真思考，选择了自己感兴趣的主持人职业。但他很清楚自己的长处，并针对自身弱点进行了改进，在这一过程中，他的努力让很多人佩服。经历了千锤百炼，他终于在新的职位上获得了人们的认可。

## 第六章

# 魄力

## 吾之所向，一往无前

- 有魄力，就是敢想敢干
- 有魄力，就是做事果断
- 拿得起，放得下，才是真正有魄力
- 有魄力的人敢拍板，敢决策
- 没有重起炉灶的魄力，就无法超越失败

# 有魄力，就是敢想敢干

当今社会，不管干什么都要有魄力。找工作去面试，找对象去表白，跑市场见客户……这一切都需要有魄力。有魄力的人，一般自带大气场，很多时候也更充满智慧。他们积极进取，敢想敢干，容易将很多人吸引到自己的身边。如果想提高自己的魄力，就要提高执行力，敢想敢干，不要拖泥带水。

伟大的发明家爱迪生是个执行力很高的人，在电灯出现之前，世界上的人都用煤油灯和蜡烛来照明。一天，爱迪生发现，电流通过金属丝时会发亮，就想："电流通过金属丝时，能否使金属丝不被烧断而长时间发亮？"凭借着这个想法，爱迪生立刻开始了发明电灯的实验，在尝试过上千种材料后，终于发现了钨丝这种便宜又好用的东西，为人类点亮了黑夜里的明灯。

历史上，凡是成就了一番大事的人无一不是有魄力的行动者，比如晚清名人曾国藩。他成功戒烟的故事，足以说明他的毅力和魄力。

　　曾国藩的父亲烟瘾很大，受其影响，他很小就学会了吸烟。曾家人不抽鸦片，只吸湘中自产的草烟，劲头十足，吸上一口，感觉特别舒服。在十七八岁的时候，曾国藩的烟瘾已经很大了，很多人都叫他"枪棍"。

　　上学读书时，曾国藩也是烟筒不离手，边翻书边吞云吐雾。后来，因为抽烟太多，曾国藩受到了老师、长辈的训斥，让他感觉很受打击。他也知道抽烟没有任何好处，于是决心戒烟。为了显示自己的决心，他还把名字从"子城"改为"涤生"，表明放下过去重新开始。但是，当时年轻的曾国藩毅力不够强大，而且习惯没有那么容易改掉，所以这次戒烟失败了。

　　此后，曾国藩极力想要戒掉烟瘾，前后几次发誓，烟壶也收了，烟荷包也藏了，别人敬烟也都被拒了。他还在烟友面前庄严声明："我戒烟了。"但过不了多久，曾国藩又会被烟瘾和年轻的冲动打败。直到后来，曾国藩对自己的认识到了一个新阶段，感觉到是自己的松懈和缺乏坚持，故而成不了学，成不了器，小事如此，大事概可想见。

　　于是他再一次下决心戒烟，发誓说："从今永不吸烟！不能立即放下屠刀，则终不能自拔！"这次他还让家人帮助监督，在家里坚决不抽烟。但在外面看到别人敬上来的烟，还是会因盛情难却抽上几口。就这样，他这次兴师动众的戒烟又失败了。

　　到 1842 年 11 月，曾国藩依旧铜水烟壶不离手，他也对自己很恼火。有一天，他突然醒悟道："一个堂堂翰林，如果连戒烟这样的小事都做不到，还谈什么经世纬国呢？"于是，他立即把那只心爱的白铜杆水烟壶砸了个稀巴烂，又把自己珍藏的头等烟叶付之一炬。这一次，曾国藩终于将烟彻底戒掉了，一直到去世都没有再吸过烟。

　　通过戒烟这件事，不得不说曾国藩是一个用毅力和魄力改写自己人生的人，他能作为历史人物留名于世与他的魄力有很大的关系。虽然他戒烟和其他人一样几经反复，最终还是成功了，最大的敌人不是烟瘾，而是自己。当你决心做一件事的时候只要坚持，终会得到成功的那次机会。

　　看准了路，就要大胆地往前走；认准的事，就要专心做，这是成功者身上具备的一大素质。很多人一生都平平庸庸、碌碌无为，并不是他们无能，而是因为没有魄力。

　　现在很多人都喜欢吃"绿箭"口香糖，但对它的故事却了解甚少，而这要从其创始人威廉·瑞格理说起。

　　威廉·瑞格理初到芝加哥，想找一份体面的工作。但他既没有文化，又没有特长，为了生存下来，只能到一家商店卖起了肥皂。不久，他发现发酵粉利润高，便用自己的积蓄购进了一批发酵粉。结果发现，自己犯了一个错误，当地销售发酵粉的商人比销售肥皂的商人多，他根本就不是他们的对手。

这批发酵粉如果不及时卖掉，会损失掉前期投入，威廉决定一错再错。他将身边仅有的两大箱口香糖摆放在前面，客户每买一包发酵粉，就送出两包口香糖。口香糖的价值虽然不高，但客户们却很买账。瑞格理的发酵粉很快就处理一空，半年后他就在芝加哥站稳了脚跟。

在随后的经营中，瑞格理又发现一个问题：口香糖在市面上已经越来越流行，虽然利润不高，但数目很可观，发展前景比发酵粉好很多。于是，他决定投身到口香糖营销行业中。

在市场调研中，瑞格理积极听取顾客的意见，配合厂家改良口香糖的包装和口味。有所感悟后，他便倾囊而出开办了一家口香糖厂，并开始以自己的名字作为品牌经营口香糖。1893年，瑞格理推出了名叫"黄箭"的全新品牌口香糖。

当时，市场上口香糖已经有十多个品种，为了让人们在最短时间里接受"黄箭"，瑞格理用了一个冒险的方法：搜集全美各地的电话簿，按照上面的地址，给每人寄去四块口香糖和一份意见表。

瑞格理确实是一个很有魄力的年轻人！随着一封封信件飞快地抵达顾客的家，"黄箭"口香糖很快风靡全国。随后，瑞格理又推出了"白箭"口香糖。他发现通过报纸、杂志、户外海报以及其他形式的广告告诉人们产品的好处，能够使顾客更快地接受箭牌口香糖，商店的店主也会保证箭牌产品有足够的存

货。从营销的角度看，瑞格理是大胆使用广告来推销产品的先
行者之一。

很多时候，机遇只出现在刹那间，只有大胆提出自己的意
见、大胆迈步实践，才能清晰地找到成功的方位。"黄箭"成功
的秘诀就是，敢想敢干！

# 有魄力，就是做事果断

哲学上有一个十分有趣的"布里丹毛驴效应"的心理学故事。法国哲学家布里丹养了一头小毛驴，每天向附近的农民买一堆草料来喂。有一天，农民额外多送了一堆草料，布里丹就把两堆草料都放到了毛驴面前。可是，面对两堆草料，毛驴左看看，右看看，始终无法分清究竟选择哪一堆好，最后在无所适从中活活饿死了。此后，人们就把这种决策过程中犹豫不定、迟疑不决的现象称为"布里丹毛驴效应"。

两堆草料，本来是件好事，可是这头毛驴却不知道如何选择。犹豫不决，延长了思考的时间，肚子依然饥饿，没能及时补充食料，自然也就只有饿死的份儿了。

这头小毛驴正是生活中很多人的真实写照。面对某件事或某份工作，无法做出决断，就会犹豫、彷徨。在追求成功的路上，遇见机会，只有果断做出决断，才能抓住机会有所突破。

"当母亲和女朋友同时落水，你会先救谁？"这个问题被很多热恋的女孩提出，期待男友能够给出满意的回答。可是，如果确实发生了这种情况，纠结于先救哪一个，弄不好两个人都会淹死。所以，只有果断决定，才能避免"布里丹毛驴效应"悲剧的发生。

公元前336年，在正式出征波斯前，马其顿国王腓力二世在女儿的婚宴上被刺身亡。危难之际，年仅20岁的亚历山大继承了王位。这时候的国家管理异常混乱：宫廷内，部分贵族想拥立腓力兄长的儿子继承王位，妄想发动政变。宫廷外，北方各部落纷纷发动叛乱；希腊各城邦在雅典城内公开集会，废除了马其顿的盟主地位，并打算向其发起进攻。

亚历山大刚坐上这个位置，威望不高、缺少经验，面对眼前的危局，一筹莫展。反对者都磨刀霍霍、信心满满，觉得马其顿帝国很快就会在内忧外患中土崩瓦解。

为了找到解决办法，亚历山大召开了紧急会议。幕僚纷纷建议："根据目前形势，应该放弃提沙里以南的全部希腊领土，将注意力集中在对北方各部落的安抚上。"

幕僚们说的情况，亚历山大都考虑到了。但他仍纠结着：贸然出兵，可能无法取胜，也会让叛乱者乘虚而入；不出兵，会将希腊大片领土白白丢失，对不住父王的在天之灵。这是个两难的抉择。

可是，亚历山大并没有犹豫太久，就快速做出了决断："我不会放弃马其顿帝国的一寸土地，那是父王和无数将士用鲜血换来的。我要让希腊人明白，马其顿帝国依然是他们的宗主国，胆敢挑战这个事实，都将受到最严厉的惩罚。"之后，他亲自率领大军，平定了北方的骚乱，行动之神速令人不可小觑。

面对国内外的纷争，亚历山大果断地采取了应对方法，利用速度这个最好的兵器，对外平定了战乱，对内安抚了人心。在他的果断领导下，国家也发展得越来越好。这个故事告诉我们：遇到困境和问题，迟疑不决、踌躇不前，只会让自己失去扭转局势的最佳时机。

长时间犹豫不决，黄花菜也会放凉。勇敢一点儿、果断一点儿，就会在胜负未决时拿到最终制胜的关键筹码。生活中，我们总会遇到自己无法解决的问题，有些事情甚至还很严重，要想抓住有利时机，就要果断抉择：当机立断，立刻行动。只有让优柔寡断、犹豫不决从自己的生活中消失，才能在激烈残酷的社会竞争中一步一步走向成功，走向辉煌。

美国保险巨头法兰克·毕吉尔刚从事保险业工作时，靠着出色的推销能力，在行业里游刃有余。可是，就在他对未来充满抱负，准备在保险业里大展身手时，却遭遇了从业以来的第一个工作瓶颈，并被它牢牢困住。

为了提高自己的业绩，毕吉尔依旧每天起早贪黑地出去跑业务。为了说服客户买自己的保险，他使出了浑身解数。为了争取到每个可能成交的业务，他经常要几次三番地登门拜访。可是令他沮丧的是，所有的努力都收效甚微。

在那段时间，毕吉尔感到异常沮丧，整天郁郁寡欢，对前途丧失了希望，甚至想放弃这份工作。一个周末的早晨，毕吉尔从噩梦中惊醒，仍然有些沮丧和不安，不过很快就平静下来，开始认真思考摆脱困境的办法。

毕吉尔不断地问自己："为什么最近的自己会如此忧郁？到底出了什么问题？"自己工作的情景一幕幕出现在他的眼前：他多次登门拜访，经过不懈的努力，终于让客户答应购买他的保险，但客户在紧要关头总会反悔说："我再考虑考虑，下次再谈。"很多次，他都是这样离开，之后再花时间去寻找新的客户。

毕吉尔很快发现，自己的业绩之所以无法提高，不是他不努力，而是没有在客户出现悔意的时候挽留。其实，遇到客户临时反悔说"下次再谈"时，只要毕吉尔及时说服客户这次做决定，他的业绩就能提高很多。"下次再谈"，很多时候也仅仅是客户的借口，这时只要你提出一个合理的理由，就可能将客户说服。

为了在最短的时间里摆脱困境，毕吉尔飞快地思考着。想不到更好的办法，他便开始翻阅自己一年来的工作笔记，并进行细致深入的研究，希望从中能够找到答案。很快，他就发现了问题的症结所在，一个大胆的念头在脑海里闪现，连他自己都感到震惊。

之后，毕吉尔一改往日的工作方法，开始采用新的推销策略进行工作。结果，他新接的保险业务，第一次突破百万美元大关，引起业界轰动。

后来，靠着自己出色的智慧和独特的推销策略，毕吉尔很快成为保险业内的巨头。后来，有人问他是如何成功的？他直言不讳地向人们公开了自己成功的秘诀："我在自己的工作日志中发现了一组奇特数据，这些数据改变了我对工作的认识：在年度保险业绩中，70%是第一次见面成交的，23%是第二次见面成交的，只有7%是在第三次见面后才成交的。而我花费在最后这部分业务上的时间几乎超过了工作时间的一半。于是，我果断地放弃了那7%的利益，将大量时间用在了新业务的拓展上。"

法兰克·毕吉尔告诉我们：成功确实非常简单——果断放弃人生的那7%的一小部分即可。

坚决果敢是很多成功人士都具备的一种优秀品质。如果你做事优柔寡断，犹豫不决，甚至拖延逃避，就要尽快做出调整和改变，摆脱纠结的心理状态。

俗话说：狭路相逢，勇者胜。只有果断行动才能抓住机会，在事业发展的过程中，要善于抓住机会，果断行动，让自己在事业上都有所突破。

## 拿得起，放得下，才是真正有魄力

拿不起，也就无所谓放下；拿得起，却放不下，人生就会庸庸碌碌。成功人士一般都拿得起，也放得下。在我们的一生中，很多东西都需要放下，因为只有放下那些无谓的负担，才能轻装上路。心中洋溢着快乐，无论走到哪里，你都是快乐的；心中怀有喜悦，无论做什么，你都是开心的。有时，决定我们心情的，不是别人，而是自己。拿得起，放得下，才是真正有魄力！

后汉时期，有个人叫孟敏，一天他扛着瓦罐去集市，一不小心，将瓦罐摔落在地。他头也没回，径直向前走去。路人都感到奇怪，有人问他为什么不回头看。孟敏说："瓦罐从肩上掉下去肯定会摔碎，我看它又有什么用，前面还有更重要的事等我去做。"

丢掉了瓦罐，你会如何做？能够像孟敏一样，依然继续走自己的路吗？这个故事告诉我们：放下，是为了更好地拿起。放得下，才能拥有一颗快乐的心。

拿得起，是一种勇气，更是一种担当；放得下则是一种品格，更是一种开阔的胸怀。在纷繁复杂的多元化社会，在我们面前有很多诱惑，金钱的，权力的，将自己的注意力集中在金钱和权力上，忘掉了自己的责任与使命，不仅无法得到快乐，还容易走上错路。只有将心中的杂念放下，才能专心致志地做事，才能在人生的舞台上取得满意的成绩。

亚历山大大帝骑马到俄国西部旅行，为了进一步了解民情，他徒步而行，暂住在一家乡镇小客栈。

一天，走到一个三岔路口时，亚历山大忘了返回客栈的路。他看到有个军人站在一家旅馆门口，上前问道："朋友，能告诉我去乡镇客栈的路吗？"

军人叼着一个大烟斗，头一扭，将他上下打量一番，看到他穿着没有任何军衔标志的平纹布衣，傲慢地说："朝右走。"

"谢谢。"大帝接着问，"请问，离客栈还有多远？"

军人瞥了亚历山大一眼，生硬地说："1英里。"

亚历山大扭身道别，刚走出几步又停下了脚步，返回来微笑着说："请原谅，我可以再问你一个问题吗？请问你的军衔是什么？"

军人瞟了他一眼，说："你猜！"

亚历山大风趣地说："中尉？"

军人没有说话。

"上尉？"

军人摆出一副了不起的样子说："比这个高些。"

"那么，你是少校？"

"是的。"他高傲地回答。

亚历山大敬佩地向他敬了礼。

军人摆出对下级说话的高傲神气，问："假如你不介意，请问你是什么军衔？"

亚历山大乐呵呵地回答："你猜。"

"中尉？"

大帝摇头说："不是。"

"上尉？"

"也不是。"

军人走近，仔细看了看说："你也是少校？"

亚历山大镇静地说："继续猜。"

军人取下烟斗，高傲的神气一下子消失了。他用尊敬的语气低声说："那么，您是部长或将军？"

亚历山大回答："快猜着了。"

军人知道自己有眼不识泰山，便结结巴巴地说："您……您是陆军元帅吗？"

亚历山大说："再猜一次。"

"皇帝陛下。"军人幡然醒悟，立刻跪在亚历山大面前喊道，"陛下，请饶恕我！"

"饶恕你什么，朋友？"亚历山大笑着说，"我跟你问路，你告诉了我，我还应该谢谢你呢。"

亚历山大向一个军人问路，可是对方态度傲慢、不可一世。但亚历山大并没有批评他，也没有怪罪他。这种开阔的心胸，这种拿得起、放得下的气魄，非常值得我们现代人学习。

人与人之间的关系不会总是和谐的，但也绝不会永远对立，很多时候完全可以尝试着去谋求双赢。

智慧的人生，就是当拿起时拿起，当放下时放下。既不要为今天之事疯狂，也不要为昨日之事懊悔，更不要为明日之事忧郁。

放下财。李白在《将进酒》诗中写道："天生我材必有用，千金散尽还复来。"如果能将钱财放下，人生也就多了一些潇洒。

放下名。根据专家分析，高智商、思维型的人，患心理障碍的概率相对较高。主要原因就在于他们都喜欢争强好胜，太看重名声，累得死去活来。能够放下声名之重，人生也会多一些超脱。

放下忧愁。现实生活中，令人忧愁的事实在太多，放下忧愁，也就得到了幸福。

　　鲁迅先生曾说："拿得起是一种勇气，放得下是一种豁达。"人生不长，每个人都活得不容易，彼此产生交集，才能活得精彩。在追求成功的道路上，很容易被各种事物所迷惑，拿得起、放得下，才能看到柳暗花明又一村。

# 有魄力的人敢拍板，敢决策

古时官员审案，板声一响，生死立判。"拍板"一词形象地体现了领导肩负的决策之能、决断之责。会不会拍板、敢不敢拍板，是一个人决策水平、担当意识、实干精神的集中体现。不敢拍板，当断不断，是失职；胡乱拍板，决策错误，是渎职。

有魄力的人，敢拍板，敢决策；胆小怯懦者，思前想后，犹豫不决，错过更多的好时机。历史上，很多将军面对复杂多变的战场形势，都必须做到随机应变，当机立断。汉朝名将周亚夫就是凭借自己的魄力为政府平定了"吴楚七国之乱"。

据说，周亚夫是汉文帝视察细柳营时发现的治军作战高手，因他治军颇有一套而称他为"真将军"。汉文帝在临终前，告诉儿子汉景帝："将来打仗，可以使用周亚夫，他能带兵打仗。"

不久，汉朝就爆发了"吴楚七国之乱"。汉景帝任命周亚夫为大将军，带领兵将积极应战。很快，周亚夫率军与吴楚乱军摆开了对峙的架势，充分展示了自己的军事才能。这时，周亚夫遇到一个难题。

原来，吴楚乱军蛮横凶猛，想要速战速决，周亚夫将军队驻扎在中原，养精蓄锐，只等敌人来攻。乱军打不过周亚夫，就去攻打梁国。梁孝王难以应战，立刻向周亚夫求救，汉景帝就要求周亚夫前去支援。

可是，如果去救梁国，等于放弃了起初制定的基本战略，这正是吴楚乱军所希望的；如果不救梁国，汉景帝的亲弟弟梁孝王一旦出现问题，自己就要吃不了兜着走。

最后，周亚夫毅然决定坚持原来制定的战略。结果，吴楚乱军的粮道被截断，军需匮乏，兵败如山倒。梁孝王死守梁国，虽然万分危急，但坚持了三个月后也迎来了胜利。

从战争的结果看，周亚夫的选择没有问题，可是他这一选择保住了汉室江山，却得罪了梁孝王。最后，周亚夫父子以谋反罪被逮捕。一代名将，就此死于狱中。

导致周亚夫人生失败的原因有很多，但与梁孝王的交恶是很重要的一环，甚至可以说是导火线。其实，当初周亚夫下决心不救梁时，何尝不清楚后果？但是，决策和选择的难处就在这里。古语有言："鱼，我所欲也；熊掌，亦我所欲也。鱼与熊掌，不可得兼。"面临着长远利益和眼前利益、集体利益和个人利益的冲突，周亚夫只能选择牺牲自己。

优秀的领导者都具备高超的决策能力。决策能力强的人，会根据既定目标认识现状，预测未来，决定最优行动方案，这也是管理者的知识结构、承受力、思维方式、判断能力和创新精神等的综合表现。

盛田昭夫是日本索尼公司的创始人之一，索尼公司中有多种电子产品很出名，但最成功的产品是随身听。随身听的诞生源于盛田昭夫的观察。盛田昭夫经过观察发现年轻人喜欢听音乐，还喜欢四处运动。于是，他便有了让音乐和运动结合起来做产品的想法，并上升到公司决策，这才有了后来的备受追捧的随身听。

决策就是判断，是在各种可行方案间的选择。只有决策能力强的人，才能摆脱从众心理的束缚，思想解放、冲破世俗，不拘常规、大胆探索，才能独具慧眼，发现普通人无法发现的问题，捕捉到更多的机遇。

知名管理大师德鲁克认为：决策始于看法，而非"真相"。有人认为，领导者要成功地进行决策，必须具备优良的决策基因。决策基因由经验、知识、信息和思维方法四个方面组成，经验是决策者长期实践得出来的决策逻辑，知识是决策者理论学习得出来的决策逻辑，信息是决策者通过观察、沟通得到的信号，思维方法是决策者认识问题、分析问题的角度与线路。决策的过程是由这四个方面共同发挥作用，整合出来的逻辑整体。从这个角度看，想要成为一个好的决策者，经验、知识、信息和思维方式缺一不可。

# 没有重起炉灶的魄力，就无法超越失败

在人的一生中，心理健康和身体健康同样重要。纵观古今中外的成功者，无不展示出他们执着的人生追求、高度的乐观精神和宽大的心理容量。

每一个人走在生命的路上，都难免会被大的沟或小的坎绊倒。很多时候，跌倒并不可怕，可怕的是不再站起、偃旗息鼓。因为一次跌倒而拒绝爬起来继续上路，就会错过很多人生美景。很多时候，跌倒并不可怕，那不过是下一次更好的开始。

1914 年 12 月，大发明家托马斯·爱迪生的实验室发生了一场大火，整个实验室化为灰烬。一夜之间，爱迪生一生的心血都在大火中付之一炬。

大火烧得最旺时，儿子查里斯在浓烟和废墟中发疯似的寻找爱迪生。当查里斯找到父亲时，爱迪生并没有慌张也没有忧郁，只是静静地看着面前的大火。他的脸在摇曳的火光中红彤彤的，他的白发在寒风中飘动。看到儿子，他竟然大声喊道：

"查里斯，你母亲在哪儿？快将她找来，她这辈子恐怕再也见不到这样壮观的场面了。"

第二天早上，爱迪生看着一片废墟说："灾难自有灾难的价值，所有的谬误和过失都被大火烧得一干二净。我们应该感谢上帝，我们终于可以从头再来了。"一场毁灭性的大火，在爱迪生的一个"从头再来"中也变得云淡风轻了。

爱迪生经历过无数失败，早就练就了一副宠辱不惊的强大内心。所以就在火灾过后的第三个星期，爱迪生就推出了他的第一部留声机。

灾难，不仅能毁掉物质财富的积累，也能带来新生力量的崛起。得失之间，就看你从哪个角度看、持有什么样的心态，采取何种对策应对了。

有句俗语众所周知："失败是成功之母。"可能你眼前觉得难以面对的失败，回过头来看看，很可能是对自己的一次帮助。人生不能没有失败，就像跌倒是每个孩子学习走路的必经过程。不管是顺境，还是逆境，对于一个有生活智慧的人来说，都是宝贵的经历。

成功人士都不怕失败，失败了就从头再来。爱迪生面对失火的反应，就是一个极好的例子。不管做任何事情，都不可能一帆风顺，也不是任何时候都能成功；我们每时每刻都处于失败和困难的包围中，只有走出了由多次失败和困难构成的包围圈，才能实现一次成功。

20世纪90年代，只要一提起史玉柱，人们都会竖起大拇指。凭借着巨人集团的兴盛，他在33岁时进入《福布斯》中国大陆富豪榜前10名，并保持了多年。可是，他之后张狂地想要盖成第一高楼"巨人大厦"，结果投入过多，负债累累，自己也成了"中国首负"。

很多时候，故步自封是我们不能解决问题的原因所在。而打破心中的一些条条框框，跳出来，换一个角度思考问题，可能会找到新的路径。

在确定"巨人大厦"彻底失败后，史玉柱跟三个创业伙伴一起去爬珠穆朗玛峰。当时，雇一个导游要800元，为了省钱，他们四个人就没有雇向导。就这样，在没有向导的情况下，四个人开始往上爬。一路上，珠峰的风光格外壮丽。身处这样的高度，感受这样的气势，史玉柱放下了心中的一切，在大自然中得到了难得的宁静和释然。但不幸的是，到他们准备下山时，史玉柱发现身上的氧气所剩不多了。

史玉柱不愿意拖累大家，于是对伙伴们说："你们回去吧，我的氧气不够了，身上也没有多少力气，实在走不动了。"大家都知道天一黑，他们肯定要被冻死，所以没有一个人愿意撇下同伴离开。

更不幸的是，他们在冰川里迷路了。这也许是上天给史玉柱的一个暗示，在大家的努力下找到了下山的路。三个人把史玉柱拖到路上，休息了一会儿，然后一起下山了。

下山后，史玉柱才知道，他们之前经历的是著名的禁区。能够从那个地方死里逃生，不能不说是上天的眷顾。直到现在，史玉柱回想起当时的情况，仍会说："当时我感觉自己已经死了，确实我是捡了一条命回来的。"

珠峰之行结束后，史玉柱进行了认真的反思，把这次的珠峰之行定义为自己的"寻路之旅"。他表示："从那个地方都下来了，以后还有什么要顾虑的时候就会想，这条命都是白捡的了，所以就特别放得开。"他决心从头再来，很快便踏上了第二次创业。

他第二次事业的起点是保健品脑白金。脑白金一经推出，迅速风靡全国，到 2000 年月销售额就达到 1 亿元，利润为 4500 万，巨人集团奇迹般复活了。虽然史玉柱依然遭到全国上下诸多非议，但曾经的辉煌慢慢回来了。

赚到钱后，史玉柱没想为自己谋私利，做的第一件事就是还钱。这一举动，再次使其成为焦点。因为几乎没有人会想到史玉柱有翻身的一天，更没想到这个曾经输得一贫如洗的人能够还钱。经过短短十年，史玉柱不仅清偿了所有债务，还迅速完成了新的资本积累，为后来进军网络市场铺平了道路。

人在经历生活的大起大落之后，内心都会有所感触。史玉柱也是如此。他改变最多的，是心态和性格：身上的狂热、亢奋和浮躁逐渐减少，更多的是沉稳、坚忍和执着。

对一个内心强大的人来说，失败并不可怕，每个人都会经历。可怕的是失败之后，你对自己的恐惧，担心自己无所作为，最终将自己变成废人。一两次的失败，并不代表着人生的失败，正确看待失败，从头开始，多半都能迎接辉煌。

当然，强大内心的修炼要有过程，不能争朝夕之长短。我们在经历失败后，心情受到影响，情绪低落几天完全可以，但不能悲观失望。相反的，我们要及时调整情绪，可以善用失败后的闲暇，给自己放个长假，可以去完成自己旅游的夙愿，或者去拜访一些故友，或者去完成技能培训等，好好地给身体和心灵做个温泉SPA，或者给头脑做充电储备。

从这个意义上来说，我们应该感谢失败，因为它给了你放松身心和自我恢复的时间。因为失败，我们才能鼓起拼搏的念头，才会拥有了从头再来的机会。平日的忙碌，蒙蔽了我们的双眼，很少有人会问自己："我在做什么？这时候，就要冷静下来认真思考，正确认识自己：我是谁，我适合做什么，我的优点是什么，我的缺点是什么，我需要哪些技能而现在却没有具备？思考是重要的，没有思考而盲目地去做事，将会再次失败。"

从失败的经历中吸取教训，自己就会变得更勇敢、更理智、更了解自己。而敢闯敢拼，勇于从头再来是失败以后最正确的选择！

## 第七章

# 挑战

## 经过逆境砺炼，方能被星光笼罩

- 人生处处需要挑战

- 不要躲避苦难

- 不断挑战极限的人生才丰盛

- 想要优秀，就要"逼"一下自己

- 大胆质疑，敢于挑战权威

# 人生处处需要挑战

幸福的人生大致相同，不幸的人生却各有各的不同。这句话用在英国女孩亚莉克希亚·索洛尼的身上再合适不过了。她从一出生就面临着不幸，却始终没有放弃自己，而是用无与伦比的勇气不断挑战上天带给她的不幸。

克希亚·索洛尼出生于著名的英国剑桥大学，被 51 岁的父亲视为掌上明珠。但不幸的是，她 2 岁的时候患上了恶性肿瘤——神经胶质瘤，危及生命。从此她开始挑战命运给的这种安排，经过 18 个月的化疗，她保住了性命。不过她的视神经严重受损，完全失明。对孩童而言，她没有受到太多的影响，就在父母的精心照顾下变得自信活泼。

克希亚·索洛尼小小年纪就很爱学习，4 岁开始学盲文时，每次学习她都会将老师讲解的内容用录音机录下来，然后一字一句地用小针扎出凹凸不平的盲文笔记，再用手一遍又一遍地练习。盲文老师特别喜欢她，每次总会对勤奋的她竖起大拇指，不停地说："Good！ Good！"

等再大一些，为了更好地跟同龄孩子相处，父母把她送进了当地最好的学校。刚到学校里，克希亚·索洛尼敏感地感受到周围同学的异样眼光，这让她的自尊心受到了伤害。特别是在听到一个调皮的小男孩说："你虽然很聪明，但你双目失明，永远无法看到这个精彩的世界。"

所以，在父母去看望她的时候，她哭了。等她平静下来后，父母把她带到一边，认真地说："你确实跟其他孩子不一样，我们也曾经替你感到惋惜。可是，宝贝，至少你已经跨越了鬼门关，因此，你的生命显得尤为可贵，你的人生也最有意义！这又怎么会不精彩呢？"

聪明懂事的克希亚·索洛尼一下就明白了，她对父母说："我要挑战的不是别人而是自己，战胜了自己，就不怕别人嘲笑了！"

自此以后，克希亚·索洛尼更努力地学习。仅仅过了两年，她就可以熟练地用盲文进行阅读和写作了。6岁的时候，她跟妈妈说想要学一门外语。妈妈建议她学汉语，妈妈是想用学汉语的困难让女孩知难而退。可是她却一直保持很高的学习热情，凭着"挑战自己"的劲头，她克服了汉语学习中的一个又一个困难，汉语成绩比健康的同学还要优秀。后来，她继续挑战自己，掌握了法语、西班牙语、阿拉伯语、德语和俄语等好几国语言。

功夫不负有心人。2011 年 4 月，欧盟在比利时首都布鲁塞尔召开会议。当欧盟成员国代表汇聚半圆形会场，说着五花八门的语言时，一个坐在会场一角的 10 岁小女孩格外引人注目。她戴着专业的头戴式耳机，一边倾听着各个代表的发言，一边准确无误地进行同声传译。

这个小女孩的专业水平得到了世界的公认，她还改写了欧洲议会历史，因为当时欧洲议会有着小于 14 周岁的人禁止走进半圆形的会场的规定。

现在，克希亚·索洛尼总是会赢得记者们的关注。当被问及未来时，她总是自信地说："我的未来就是不断挑战自己，成为一名高级口译员。"

是的，人生处处都需要挑战，而成功就是在最困难的时候挑战自己，顶住外来压力，从而成就自己。生活中的我们如果具备这种信念并付诸实践，生命之路定会更加美丽绚烂。

挑战在生活中无处不在，我们有时候会非常渴望别人能给自己一个正确的答案，渴望能从前人的经验中获得启迪，继而省略掉自己辛苦追寻答案的过程，让人生少走弯路。这本无可厚非，也是个好习惯，在很多事情上能让我们事半功倍。可是，我们也常常忽略了这样一个事实：彼之砒霜，我之蜜糖。面对同一件事，不同的人会有不同的认知和感受，因为莎士比亚早就告诉我们："一千个人眼中有一千个哈姆雷特。"也 一如寓言故事《小马过河》说的那样，不同的人对同一事物会有不同的感受，只有亲自尝试才知道适不适合自己。

人生之路遥远而迷茫，前方多是未知，只有不断地探索尝试，才能获得成功的机会；只有勇于尝试，坚持不懈，才能成功。莎士比亚也曾说过："本来无望的事，大胆地尝试往往能成功。"是的，只有不断地去探索尝试，打破常规，才能使没有希望的事变得有可能。

曾经看过一个有趣的试验：一个科学家和一个农民在森林里迷了路，两个人采取了完全不同的行为。科学家待在原地，回忆自己学过的理论知识，对这里的地形情况进行分析，很快就判断出了自己的位置，开始寻找出路。可是，这里地形十分复杂，人烟稀少，他找了很久，也没有找到出路，只能被困在森林中。农民一开始就试着找了出路，他找了很多路，虽然没有走出去，且有几次差点儿迷路。但在寻找的过程中，他了解了这里的地形，还找到了食物和水，在之后继续寻找，最终找到了出路。

故事的结果或许出人意料，但现实生活中也确实存在这类现象。只待在原地探究森林地形，而不敢尝试，无论你的智商多高，不管知识多渊博，也无法找到出路。相反，农民的智力和知识虽然都比不上科学家，但他敢于尝试，敢于走错路，自然也就能找到出口。

路是人走出来的，为了多辟几条路，必须多向没有人的地方走走。对于想要追求成功的人来说，勇于尝试是宝贵的品质。而且在尝试的时候绝不能墨守成规，用一成不变的视角去看待身边所有事物。

敢于尝试，是生命色彩的调配剂，对不同事物进行不同的尝试，会让你得到许多不同的生命体验。不管是酸甜的滋味，还是痛苦的滋味，都会让你的生命之水不再平淡。在人生的道路上，如果连尝试的勇气都没有，人生就会像一杯平淡无味的白开水。缺少尝试带来的不同结果，人生也就少了缤纷绚丽的色彩。这样的你，怎能体味到生命的精彩？

有时候，我们不能从尝试获得自己所想要的结果，但只要敢于尝试，也能培养自己的勇气、毅力、心态。不论什么时候，永远不要担心别人说你不自量力，勇敢进行尝试会让你比恶意中伤者更强健。

敢于尝试，就有成功的可能。也许经过几番尝试，最终也无法取得成功；可是如果不鼓足勇气去尝试，那就永远没有机会获得成功。不要因为一时身处困境，就抱怨上天不给你成功的机会，感慨命运总是捉弄自己。很多时候，机会就在你我的身边，千万不要因为自己害怕困难而主动放弃，机会一旦丧失，就很难重新拥有。这也是很多穷人无法翻身成为富人的重要原因。

人生处处需要挑战，要想让自己的生命焕发出别样的光彩，就要敢于尝试，努力向自己的最高目标挑战。

# 不要躲避苦难

苦难是事业成功的助力，要想成就大事，就要有经历大灾大难的精神准备。只有经历过生活困苦和磨难的人，才能理解苦难的真正含意。沉浸在幸福环境中的人，不可能放弃自己的优越条件去挣辛苦钱，自然也就不可能具备打破现状的魄力。

如果你从来都没有经受过任何苦难，平平安安地度过人生几十年，一直都过得顺风顺水，我们只能说，你是个有福之人。可是，要想实现事业上的成功，就必须跳出目前的"糖罐子"，因为生活在幸福的环境中是无法造就出卓越的成功的。这是因为生活在幸福环境中的人，往往不可能放弃自己的优越条件去辛苦奋斗，也常常缺乏打破现状的魄力。

追求成功是你应该有的梦想，但这和承受苦难不矛盾。阳光总在风雨后，只有经历了风雨，你才知道阳光的可贵。只有经历了人生的挫折和苦难，你才能更加深刻地体味成功。

在追求成功的过程中，总会遇到苦难。这时，有的人会选择迎上去，有的人会选择退回来。但苦难就在那里，回避只会远离成功。不回避，迎上去，想办法战胜苦难才能靠近成功。

纵观古今中外有所成就的名人，无一不是历经千难才得见光明的。史泰龙，在成为巨星之前，无论是求职还是写剧本，屡屡遭遇失败；英国著名作家约翰·克里西成名之前共收到退稿信 743 封；爱迪生发明电灯成功之前做过约 1 万多次实验。他们都用自己的经历证明，只要你不避困难，具有试一万次而不气馁的毅力，就会收获成功。

孟子说："天将降大任于斯人也，必先苦其心志，劳其筋骨，饿其体肤，空乏其身，行拂乱其所为，所以动心忍性，曾益其所不能。"苦难是成功路上必不可少的磨炼，既然无法回避，就不能回避。遇到不幸苦难时，不要被它吓倒，更不要在苦难面前弯下腰、低下头；要抬起头，敢于面对，认真对待，鼓励自己的信心和斗志：这没有什么了不起的，你不能打败我，我却能战胜你。

回避是弱者的借口，只能让弱者变得更弱。困难一旦存在，即使你努力回避了，也不会自动消失，只会因为你的退缩而更加肆无忌惮。所以遇到困难的时候，要多留心，要衡量一下它的大小，果断地做出决策，尽快解决，不要把战胜困难的主动权让给别人。

一个人住在马厩里，在街上以卖报纸为生，他命运坎坷，生活困难，地位低下，可凭着坚强的毅力和对科学的强烈兴趣，坚持不懈，持之以恒，不停息地刻苦学习，不断地做着各种实验，终于创造了科学界的奇迹，创造了一个人间奇迹。这个命运不佳、苦难重重的人，就是法拉第。由苦难这所学校教育出来的这个人类奇才，不仅做出了辉煌的成就，还为人们树立了榜样。苦难是所好学校，只有经过苦难的教育和培养，才会不惧怕不幸、痛苦和悲伤，才会冷静面对和处理苦难与不幸，才不会被痛苦和悲伤压倒。

作为尘世间的平凡个体，我们都无法预知和控制苦难、不幸之事的发生，也无法预知和控制苦难、不幸之事降临到自己头上。当苦难降临时，我们能做的最好的事情就是笑脸相迎，因为它是你事业成功的最好助力，是对成功者最有效的磨炼。

# 不断挑战极限的人生才丰盛

在心理学上，有个叫"舒适区"的概念，是指心理上的一个舒适空间，在这个空间，人们能够自由自在地生活，不会出现意料之外的危险因素。也正因如此，很多人在面对苦难的第一时间往往会不知所措，但这个世界不同情弱者，如果身处困境就要及时转变心态。用乐观去迎接人生的挑战，不断挑战自己的极限，将自己的潜力激发出来，从而走出困境。

在中国台湾地区，有一个画家，用了十年时间，终于悟出了自己生命的意义。

十年前，他在台北一家公司从事广告设计工作，并且在业界小有名气。他的每个设计作品都能卖到很高的价格，订单也源源不断。可是，他不甘心就这么平淡地生活下去，于是有一天开着车到外面散心。由于车速很快，他差点儿在转弯的时候掉落悬崖。

当他距离死亡只有一步之遥的时候，他猛然醒悟过来："如果总是保持一成不变的生活，就永远不能突破自己的极限，还谈什么寻找生命的意义？"

自此以后，他隐居到台湾地区的苗栗山，专心致志地作画。经过几年习练，他的画几乎能和照片媲美。他对画画简直精益求精，为了能将一片叶子画得逼真，他会进行好几次染色，说是"一丝不苟"也不为过。因此，他的画作深为世人所叹服。

人的成长过程就是其心路历程，而心路历程就是从自己的"舒适区"跳出来的调整过程。如果我们不能走出舒适区，不断挑战自己的极限，就永远无法领略外面的精彩。

俗话说："生于忧患，死于安乐。"说的就是，在人生旅途中，逆境催人警醒，激人奋进，而安逸优越的环境会消磨人的意志，使人眈于安乐，尽享舒适，常常一事无成。有的人甚至在安逸之时沉溺酒色，自我毁灭。

"温水煮青蛙"的故事同样发人深省，将一只活泼的青蛙放在逐渐加热的水锅里，它会感到舒服惬意，以致意识到危险来临时却欲跃乏力，最终葬身锅底。然而，当我们把一只同样的青蛙冷不防地扔进滚烫的油锅里，青蛙能出人意料地一跃而出，逃离险境。

油锅里的青蛙在突然而至的危险面前，身体蕴含的巨大潜能被激发出来，反应敏感。但对于姗姗而来的危险，温水里的青蛙并没有发挥潜能，因反应迟钝而丧命。这个世界上没有什么"后悔药"，要时刻保持清醒：安逸是死亡之前的昏迷，艰苦是胜利之前的考验。当你感到步履艰辛时，一定是在走上坡路；不断挑战自己，才能攀爬上更高的山峰。

每个人的身上都蕴藏着巨大的潜能，只要敢于激发，不断地挑战自己的极限，总能抓住机会，直到成功。成绩都是由人做出来的，认为一件事不可能、行不通，通常都是自己对事实认识不够、经验不足、软弱退却，只要主动改变，只要下定决心，就能将不可能变为可能。

有个人生下来就什么也看不见，为了生存，他便继承了父亲的职业——种花。但他不知道花的样子和颜色，听人说花是娇艳美丽、五彩缤纷的，便用指尖去轻触花朵，然后用鼻尖小心地嗅嗅花香。他用心灵去感觉鲜花，在心底画出了花的娇态，还给不同香味的花添上了不同的色彩。

他比普通人更爱花，每天都要定时给花浇水，每隔一段时间会定时拔草除虫。下雨时为花撑伞，天晴时为花遮阳……看到他对花过分呵护，很多人都感到疑惑不解。不过，他的花确实是城里长得最好的，满园的牡丹、玫瑰、风信子……五彩缤纷，异常茂盛，从这里经过的人老远就能闻见一股醉人的花香。

即使是盲人，只要敢于挑战自我，激发自我潜能，也能养育出娇艳美丽的鲜花。同样，只要真心喜爱自己的事业，敢干挑战自己，全心全意地付出热忱，任何人都能做出骄人的成绩。

百货业最伟大的推销员艾摩斯·帕立舒，是真正最幸福的人。他有口吃的毛病，尽管如此，他在纽约大都会饭店举办例行演讲时，偌大的会场总会挤满了全国各百货公司的经理，屏息敛气地聆听他分析市场概况和发展趋势。但对他来说，这不过是他想要实现的众多目标之一。直到晚年，他的头脑依然十分敏锐，不断产生出人意料的新点子。

每当朋友为他取得的某个成就向他表示祝贺时，他都毫不在意，只会兴冲冲地说："你听听我现在想到的这个奇妙的构想。"一次，一位好友听说，94岁的他马上就要不久于人世。于是，立刻给他打去电话。结果，帕立舒的热情一如往常："我又有了新构想，非常美妙。"他简要地说明了自己令人兴奋的新目标，根本没有提到死亡，只是尽情地诉说人生的喜悦。两天之后，帕立舒病情恶化去世。

艾摩斯·帕立舒是个成功的企业家，但他从来不会认为自己已经完成了一切。他永远都在向下一个目标前进，一生都行走在实现下一个目标的路上。

同艾摩斯·帕立舒一样，美国棒球界的著名人物布兰琪·里奇，也是一个容易给人留下深刻印象的优秀人物，因为他也时刻都在准备对自己发起挑战。

里奇担任过圣路易斯红衣队、布鲁克林道奇队和匹兹堡海盗队的教练，图书《美国的钻石》是他撰写的关于棒球运动的经典之作。

在庆祝布兰琪·里奇的职业生涯五十周年晚会上，一名记者问他："在美国棒球界纵横了半个世纪，你觉得最大的收获是什么？"里奇皱起眉头回答道："我不知道，因为我还没有退休。"

虽然创造了众多佳绩，但里奇却不认为自己实现了所有目标，仍不断地向新的目标挑战。由此可见，只要成为敢于挑战自我的人，就能战胜所有胆怯。此时，挑战自己就会赋予自己做一切事情的能力。当我们敢于挑战自己时，也就成了战士、斗士，自然也就敢于向任何事物挑战，就能创造出更佳的成就。

其实，不断挑战自己的极限也是不断认识自己的过程，一旦发掘出自己的内在潜力，历炼出完美的品质，就能不断地超越自己。每个人的身上都蕴藏着一份特殊才能，只有不断发掘，才能发挥出来。因此，要想挑战自己的极限，就要正确认识自己，不能低估了自己的价值。

人生最大的挑战就是挑战自己，对自己抱有信心，有了坚定的意志力，也就具备了挑战自己的基本素质。无论做什么事情，将自己的潜力充分发掘出来，都容易获得成功。因此，一定要相信自己所做的，相信只要付出就能有所回报。

# 想要优秀，就要"逼"一下自己

　　美国知名学者奥图博士说过："人脑好像一个沉睡的巨人，我们平均只用了不到 1% 的潜力。"可以说，人的潜力是无限的，而很多事例表明，潜力往往会在看似绝境的情况下被激发出来。比如，一位母亲在一百米外看到自己的孩子从高楼坠下时飞奔向前接住了孩子，在当时她的奔跑速度肯定超过了世界短跑冠军。

　　人的潜力一旦被激发出来，就能为世界带来巨大的转变，人类的科技发明正是这一观点的有力论证。很多发明家都是在被逼到没有退路的情况下，创造出了属于自己的发明奇迹。潜水艇的发明就是很好的证明。

　　1775 年，北美独立战争爆发了。在华盛顿总司令的领导下，美国人民纷纷拿起武器，和英军展开了殊死的战斗，将英军从北美大陆赶到了海上。英国迅速组织残兵败将，集结大批战舰，对美国海军狂轰滥炸，美军伤亡惨重。英军还对美军耀武扬威。

这让美国士兵气得直咬牙，最后他们还说要偷偷过去炸沉英军的战舰。

有个叫达韦·布什内尔的士兵也憋了一肚子气，但他一言不发，而是积极思索着对付军舰的办法。他一直在冥思苦想："怎样才能炸沉敌舰呢？从空中，无法接近；从水上，无法隐蔽。"他想到上次在海边的礁石上看到"大鱼抓小鱼的海战"场景：一条大鱼悄悄地潜游到小鱼的下方后，猛地朝上一跃，咬住了一条小鱼。

受到"大鱼抓小鱼的海战"启发，达韦·布什内尔想道：能否造一条像大鱼那样的船，潜在水中神不知鬼不觉地钻到英国战舰底下去放水雷，然后炸它个舰毁人亡呢？鱼在水中自由地上浮下沉是靠鳔，船是否也可以仿造一个"鳔"？

根据这个新思路，布什内尔和军事专家们共同研制成功一艘可在水下潜行的机动船。船的底部安装了一个类似鱼鳔的水舱，水舱内有两个水泵，船在水面若要下沉时，就往船舱里灌水；船要上浮时，就把空气压进水舱，排出船里的水。他们还仿照鱼的鳍，安装了两台螺旋桨，一台管进退，一台管升降。

这艘机动船第一次出去就巧妙地制服了一艘英国战舰，炸得它人仰马翻。后来，经军事家的逐步改进，这种机动船就成了现代的潜水艇。

正如网络上流行的一句话："不逼自己一下，永远不知道自己的潜力有多大！"逼着自己离开舒适区，就会将个人潜力激发出来。逼自己，就是战胜自己，强迫自己比自己的过去更新；逼自己，就是超越竞争，要求自己比别人更新。个人的潜力是巨大的，不逼一下自己，怎么能知道结果？

张姐是某公司的经理，不到四十，财务自由，玩得一手好基金，谈笑风生，从容自得，一副游刃有余的样子。她对朋友说："无论在何时何地，都要想办法让别人记住你，而且最好永远忘不掉你。"朋友被这句话触动——当时，他正在寻找提高存在感的办法。

其实，张姐也不是天生爱表现的人，性格比较内向。工作的前几年，她不爱出风头，一想到被众人目光聚焦的感觉，就感到七上八下。她很少表达自己的观点，存在感极低。

有一次，张姐和同行小柯因为业务上的关系结识。张姐对小柯提起："其实，我们一年前就一起参加过一门培训。"小柯一脸迷茫，努力地回忆了一下，最后只能坦诚地表示："我忘了。"

张姐心里有点儿失落。她突然意识到，自己工作两三年来，一直在原地踏步，因为她从来都不会"逼"自己去当众表现——从不表达观点，别人就不会知道你的看法；从不发言提问，别人就会忽略你的存在。没有人会注意你，没有人会赞扬你，没有人会羡慕你……没人注意你，你就会被忘掉，即使已经工作了两三年，在大家眼里也不过是个可有可无的透明人。

张姐所在的企业是一家跨国企业，经常会开远程会议。过去每次开会，张姐都不会发言。通常，总部代表讲完后，会问"还有什么问题不清楚"。问题差不多都被其他人问完，张姐才会说"没有"。

不甘心永远这样沉默下去，张姐决定逼自己改变。她给自己设定了任务——每次视频会议，一定要首先提问。开始时还面红耳赤，后来便越来越流畅，最后甚至喜欢上了积极表达的感觉。

开始时，张姐很担心自己的提问会没水平、被别人笑话。但后来她发现，逼着自己提问，就会下意识地更认真地去倾听和思考，最后提出来的问题，质量都比较高。

因为逼着自己去表达，张姐在同事的眼里，逐渐从"我想想，她人还不错吧"的小透明，成长成了有想法、有见解的业务骨干。

人的潜力很多时候需要激发，也就是你要逼迫自己去成长。即使是一些看似很困难的事情，你不去试试，怎么知道自己就一定完不成呢？

戴摩西尼是古希腊著名的演说家，在年轻时，为了提高自己的演说能力，他曾躲在一个地下室里练习口才。由于耐不住寂寞，他的心总静不下来，练习的效果很差。

戴摩西尼不甘忍受，下定决心，挥动剪刀把自己的头发剃去一半，搞成了一个怪模怪样的"阴阳头"。为了免于被他人嘲笑，他才彻底打消了出去玩的念头，一心一意地练习口才，连续几个月不出门。结果他的演讲水平突飞猛进，最终成为世界闻名的大演说家。

逼迫自己的过程，就是一个不断激发个人潜力的过程。如果将一个人的能力比作一座冰山，现在已经表现出来的能力就是露出水面的部分，只占到个人能力的一小部分，大部分能力都潜藏在水面以下。只要敢于逼迫自己，就能将剩余的能力激发出来，做出更多的成绩。因此，要想干好一件事，成就一番伟绩，就要逼自己一下，否则你怎么知道自己有何种潜力？

# 大胆质疑，敢于挑战权威

权威不都是正确的，无论什么时候，我们都要有自己的想法，并且敢于质疑他人的观点，提出自己认为重要的观点。这就好像一个孩子要真正长大，就必须从父母的思想中独立出来，否则只能永远活在父母的羽翼之下；每一个出色的科学家，都是不断推翻了前人的成果，树立了自己的理论；在普通人的世界里，墨守成规的人缺乏创造力，生活于他不过是简单重复。

敢于挑战权威是一种思想、一种行为，更是一种生活态度、一种能力，别人有他的想法，你有你的想法，二者没有对错之分，只有不断更新自己的理念，交织不同的想法，个人才会进步。权威是一个标志，更是一个目标，要想让自己不断进步，就要敢于挑战权威。

一味地相信权威，只会让你失去自我。多么中肯的一句话！只相信其他人说的事情而不相信自己，只相信权威而怀疑自己，自己的骨子里就会少一些挑战性，多一些奴性，你的生活就会无趣很多。

在这个世界上，没有永恒的真理，也没有绝对靠得住的印象，所有的事物都要靠自己的研究才能下结论。无论理论多么权威，也不要轻易相信。只有敢于质疑权威，才能去实践、去领悟、去推翻并不正确的道理，让自己成为权威。一味地相信权威，相信经验，只能被现实蒙蔽。

每个人都应该坚持自己的道路，不被权威所吓倒，不受流行观点所牵制，不被时尚所迷惑。如果想成才，就要相信自己的观察和判断，拿出大无畏的勇气，不盲目迷信书本、不盲目崇拜权威，坚持真理绝不退缩。切记：习惯性的思维方式，会让我们放弃很多有价值的机会，发现身边存在良好的机会时，一定要冒险尝试一下。

小泽征尔是世界著名的音乐指挥家，一次去欧洲参加指挥家大赛。进行决赛时，他被排在最后，接到评判委员会交给他的一张乐谱，小泽征尔稍做准备便专注地指挥起来。

一开始，小泽征尔展现了世界一流指挥家的风度，全神贯注地挥动着自己的指挥棒，指挥着世界一流的乐队，演奏出具有国际水平的乐曲。

没过多久，小泽征尔突然发现乐曲中出现了不和谐的地方。刚开始，他以为是演奏家演奏错了，便指挥乐队停下来重奏，可仍感觉不对。在场的作曲家和评判委员会权威人士都郑重声明乐谱没问题，小泽征尔感到有些难为情。

在庄严的音乐厅内，面对几百名国际音乐大师和权威评委，小泽征尔对自己的判断产生了动摇。可是，经过考虑再三，他还是决定相信自己的判断，于是大喊一声："不，一定是乐谱错了。"

小泽征尔的喊声一落，评委们立即站起来，报以热烈的掌声，祝贺他大赛夺魁。原来，这是评委们精心设计的圈套。前面的选手虽然也发现了问题，但没有人主动提出自己的意见。

面对众多国际评委和一流的乐队，面对具有国际水平的乐章，小泽征尔坚持了自己的判断。当发现了乐谱中的不和谐之处时，他向权威发起了挑战，直接表达出"乐谱错了"的观点。要知道，在当时能够这样说，需要多大的勇气啊！而正是因为这种质疑权威的勇气，让他最终赢得了评委的认可。这就告诉我们，只有善于怀疑、独立思考的人，才是聪明人，才更受欢迎。

在投资领域，股神巴菲特就是个不迷信专家的人，他总能坚持自己的想法。他曾给投资者讲过这样一个故事：

测试者拿出 10 张图片，让被测试者选出自己认为最漂亮的一张，然后看看哪位被测试者选出的照片能够得到大家的公认。听完了介绍之后，所有被测试者都放弃了自己的审美观点，都没有选择自己认为最漂亮的那幅画，而是选择了众人会喜欢的那张图片。

在故事的结尾，巴菲特告诉投资者：预测市场走向是非常荒谬的。因为在股市中，专家在进行投资判断时也会受到他人影响，是在综合了市场上所有观点之后得出来的结论。所以，他们给出的观点绝不能当作投资指南，只能作为一个参考。

对于那些号称能够预测市场的专家，巴菲特曾开玩笑地说："如果我真的能够预测市场，即使只有 1 美元，也足以颠覆整个股市。"

面对权威，一定要积极思考；否则，最后受损的还是自己。如同巴菲特一再强调的那样，权威者的意见并不能改变自己的态度，要想在成功的道路上越走越远，就要坚持自己的判断，不要随波逐流。

当然，不轻信专家的话并不是狂妄自大，而是在尊重权威的情况下，保持一颗清醒的头脑和敢于怀疑的心，因为你才是决策的主人。

## 第八章

# 毅力

## 这世界不好意思一直拒绝你

- 有毅力，就是要做事专心
- 有毅力的人，能经得起诱惑
- 有毅力，经得起大起大落
- 钓鱼要有耐心，追梦要有恒心
- 瞄准目标是成功的第一步

# 有毅力，就是要做事专心

不管做任何事情，都不能三心二意，就像眼睛不能同时看两个方向、耳朵不能同时听到两个声音一样，我们也不能同时做两件事。

有一个"专心致志"的故事流传很广，说的是古时候围棋大师弈秋教两个人下棋，其中一个人虽然在听着，可是他心里总想着有天鹅要飞过来，想拿弓箭去射它；另一个人专心致志，只听弈秋的教导。这样，虽然他们跟随同一个老师学习，但前者一事无成，后者却成了有名的围棋能手。

就像学围棋一样，很多人都不缺乏追求成功的行动，也付出了很多时间和精力，但有人成就了一番事业，有人却始终一事无成。两者最重要的区别就在于能不能做到专心。不专心的人，往往都缺乏毅力，不能长久坚持。

专心致志的重要性毋庸赘述，对每一个想要成就一番事业的人都非常重要。唐代学者张文成在《游仙窟》中说："心欲专，凿可穿。"说的就是如果能专心做一件事情，就一定能凿开山洞。

　　但是，有的人就是这样，不专心，目标不定，期望过多，好高骛远，一个目标还没有达到，就想到了另一个，这山望着那山高，什么都是三心二意，虽很努力，却是竹篮打水一场空，因为缺乏恒心，结果什么事情都办不了，什么事情都办不好。的确，一个人做事若无恒心，那是什么事情都做不成的。

　　一个人采取怎样的态度对待工作或事情，体现了他对自我心智的管束。做事不专心的人，很容易三心二意、心思散乱、马虎大意。

　　专心致志，就是要控制自己的大脑、思维，集中注意力。无论是什么人，他的精力都是有限的，要想将事情做好，最好的途径便是专心致志。

　　记者问国际数学大师陈省身："当初为什么选择数学？"他回答说："别的我什么都不会，只好做数学。"从中足以看出，他对数学破釜沉舟般的专心，也正是由于这种专注，才成就了他。

　　《世说新语》中"管宁割席"的故事就发人深省。

　　管宁和华歆年轻时，关系非常好。两人整天都在一起，一起吃饭、一起读书、一起睡觉，相处得很和谐。一次，两人一起出去劳动，到菜地里锄草。他们努力干活，顾不得休息，没用多长时间，就锄了一大片。

　　管宁抬起锄头，一锄下去，"当"一下，碰到了一个硬东西。管宁感到很奇怪，将大片泥土翻过来。黑黝黝的泥土中，出现了一个闪着亮光的黄澄澄的东西。管宁定睛一看，黄金！他自言自语地说："我当是什么东西呢，原来是锭金子。"接着，便不再理会了，继续锄草。

华歆听到管宁的话，心里一动，立刻丢下锄头跑了过来，拾起金块，捧在手里仔细端详。管宁看到他这副样子，一边挥舞着手里的锄头干活，一边责备说："要想得到钱财，就要靠自己的辛勤劳动获得，品德高尚的人是不会贪图不劳而获的财物的。"

华歆听了，说："我懂！"可是，他依然捧着金子左看右看，舍不得放下。管宁盯着他，他被管宁的目光盯得受不了，不情不愿地丢下金子回去干活。可是由于还在惦记金子，干活也没有先前努力，还不住唉声叹气。管宁看他这个样子，不再说什么，只是暗暗地摇头。

还有一次，两人坐在一张席子上读书。看得入神时，外面忽然人声沸腾，鼓乐四起，中间还夹杂着鸣锣开道的吆喝声和人们看热闹的吵嚷声。管宁和华歆离开座位，走到窗前去看究竟发生了什么事。

原来，一位达官贵人乘坐轿子从这里经过，随从都武器在腰、服装统一，行走在车子周围，前呼后拥，好不威风。车饰更是豪华：车身雕刻着精妙的图案，车帘是五彩绸缎，四周布满了金线，车顶还镶了一大块翡翠，异常华贵。

管宁不以为然，看了一眼，便回到原处捧起书专心致志地读起来，对外面的喧闹充耳不闻，好像什么都没有发生过。华歆却完全被这种张扬的声势和豪华的排场吸引住了，为了看得更加真切，干脆放下书，跑到街上钻进人群、尾随车队细看。

管宁看到华歆的所作所为，抑制不住心中的叹惋，感到异常失望。等到华歆回来后，他拿出刀子，当着华歆的面，把席子从中间割成两半，痛心而决绝地宣布："咱俩的志向和情趣完全不同，从今以后，就像这被割开的草席一样，再也不是朋友了。"

管宁明显知道专心的重要性。每个人都渴望成功，但想要取得并不容易。其关键在于，做事要有恒心，有毅力。凭着对目标的专注，持之以恒，坚持不懈，就能成就一番事业。相反，浅尝辄止，三心二意，只能让你和成功失之交臂。

# 有毅力的人，能经得起诱惑

面对生的诱惑，苏格拉底毅然保持着自己的尊严，坦然面对死亡，这是一种生命的毅力；面对高官厚禄的诱惑，谭嗣同岿然不动，甘心为革命流尽热血，这也是一种毅力。有毅力的人，从来都不会受到诱惑的摆布。

曾经有一次，洞山禅师问云居禅师："你爱色吗？"

云居禅师正在用竹箩筛豌豆，听到洞山禅师的问话，他吓了一跳。筐里的豆子洒了出来，滚到洞山禅师的脚下。

洞山禅师笑着弯下腰，把地上的豌豆一粒一粒地捡起来。

云居禅师回想着洞山禅师刚才说的话，不知道该怎么回答。"色"包含的范围太大，女色、颜色、脸色及世界一切"物"。云居禅师放下竹箩，心思翻腾，想了很久才说："不爱。"

站在一旁的洞山禅师看着云居禅师受惊、闪躲的神情，惋惜地说："你回答问题之前，认真思考了吗？等你真正接受考验时，是否能够从容面对呢？"

云居禅师大声说："当然能！"然后，他盯着洞山禅师的脸，希望能得到他的回答。可是，洞山禅师只是笑，没说一句话。

云居禅师感到很奇怪，反问："那我问你一个问题，行吗？"

洞山禅师说："行。"

云居禅师问："你爱女色吗？面对诱惑时，你能从容应付吗？"

洞山禅师哈哈大笑，说："我早就想到你要这样问了，看到她们，我只会觉得她们是美丽外表掩饰下的臭皮囊。你问我爱不爱，爱与不爱又有什么关系？只要心中坚定自己的想法就行，何必在意别人怎么想？"

是啊，只要坚信自己的想法，何必在意他人如何想？

只有经得起诱惑，用坚韧的毅力克制欲望，才能成就一番事业；为了眼前的蝇头小利而不顾一切，是很难成就大事的。

毅力，是人们为达到预定的目标而自觉克服困难、努力实现的一种意志品质，是人的一种心理忍耐力，是一个人完成学习、工作、事业的持久力。当它与人的期望、目标结合起来后，就会发挥巨大的作用，帮助我们走向成功。

我国古代大医药学家李时珍写《本草纲目》花费了 27 年；进化论创始人达尔文写《物种起源》用了 15 年；天文学家哥白尼写《天体运行论》用了 30 年；大文豪歌德写《浮士德》用了 60 年，而郭沫若翻译《浮士德》就用了 30 年；马克思写《资本论》用了 40 年。历史上，这些有所作为的人，无不具有顽强的意志、坚忍不拔的毅力。

曾几何时，一位教育家做了一个有关毅力的实验。他找来一群孩子，拿来一堆糖果等好吃的东西放在他们面前。教育家告诉孩子们说："在我离开这里再次回来之前，你们不能吃这些东西，等我回来后才能吃，而且我回来后会给你们更多的糖果。"

这位教育家走后，有些孩子忍耐不住了，就动手吃了这些糖果。这个教育家此后对这群孩子进行持续的跟踪调查，他发现：凡是当初能克制自己，在他回来前没有吃糖果的孩子，长大以后发展前途较好，事业有成。

锻炼抗拒诱惑的能力，就是在培养毅力。当今社会人心浮躁，面对充满诱惑的社会现实，必须提高毅力，坚守操守，守住底线。

# 有毅力，经得起大起大落

通向成功之路并不会一路平坦，难免荆棘密布、陷阱丛生，只有有毅力的人，才能经历无数的关山险阻，才能笑到最后。幸运者确实可以得道升天，而不幸者却要经历大起大落，如西天取经，尝尽多重辛苦。

孙宏斌是个奇人，也是一个野蛮人，也因年少轻狂，人生两度大起大落。

孙宏斌智商很高，而且天生就具有领袖气质。1988 年进入联想后，做出了不菲的成绩；25 岁便被柳传志选作联想接班人培养。可他在联想时飞扬跋扈，遭到元老的集体控诉，柳传志最后只能壮士断腕，将他送进监狱。

入狱之后，孙宏斌非但没有记恨柳传志，反而认真思考了自己过去的错误。出狱后的第一件事，就是向柳传志道歉。两人摒弃前嫌，柳传志出资 50 万元帮孙宏斌创办了"顺驰公司"，创办之初只是一家房产中介。

1994 年，孙宏斌的顺驰公司以房产中介的身份开始进入地产领域。孙宏斌有大的梦想——"做一家全国性的大公司"。于是，他不断扩张，疯狂买地。2001~2004 年，顺驰的销售额从 1 亿飙升为 127 亿元，同时启动上市计划，扬言要超过王石的万科。当时不少人，包括王石，都"提醒"他注意防控风险。

不料，就在顺驰公司前往香港上市前夕，国家开始对房地产进行调控，资金链长期紧绷的顺驰不堪重负。为了谋求另一家公司"融创"的存活，孙宏斌只能低价转让部分顺驰公司的股权。

此后，孙宏斌并没有放弃自己的梦想，转而开始走高端精品的路线。2008 年，他拿下了北京海淀区西北旺新村三期项目，被称为"地王"，他的"融创"从此一鸣惊人。

这时的孙宏斌已经学会了控制风险，不再盲目扩张，他稳扎稳打，有进有退，瞅准时机，一击得手。2016 年，融创中国的销售额达 1553 亿人民币，位列同行第七，孙宏斌身家 95 亿元。

孙宏斌的故事告诉我们：在漫长的人生路上，总会遇到各种挫折，面对挫折，要正视、接受，切不可逃避，因为只要有毅力，经历大起大落后，我们依然可以东山再起。

正确面对人生的大起大落，也就在前进的道路上多了一种选择。荷兰人有一句名言："事情既然已经是这样，就不会成为别的样子。"勇于承认事情的本来面目，平心静气地接受已经发生的事情，是克服困难的第一步。

从巨人汉卡到巨人游戏，从脑黄金到脑白金，从"亿万富豪"到"亿万负豪"，史玉柱是中国企业界的传奇，他因"敢赌"丧家，也因"敢赌"东山再起，成为一个成功的传奇。

1991 年，史玉柱在深圳创办巨人公司，推出了桌面文字处理系统 M-6403，到 1992 年利润为 3500 万元。之后公司总部迁往珠海，在当地政府的扶持下，巨人获得一块地，来建设总部。史玉柱野心膨胀，原本计划建成 18 层的办公楼最后变成了78 层。

一年之后，巨人大厦资金告急，史玉柱倾尽所有资金也无力回天，最终资金链断裂，巨人爆发财务危机，史玉柱一夜之间负债 2.5 亿元，变成中国"首负"。

史玉柱靠着坚强的毅力，向朋友借资 50 万元，再次做保健品。亲自调查市场后，他带领团队推出了保健品"脑白金"，1998 年广告词"今年过节不收礼，收礼只收脑白金"出现在人们的视野。结果，仅用了两年时间，就创造了 13 亿的销售奇迹，史玉柱借此东山再起。

之后，史玉柱出售了大部分脑白金股权，着力于网络游戏，创办了巨人网络，推出了名叫《征途》的游戏。2007 年，巨人网络成功在美国纽约证券交易所上市，很快市值就突破 42 亿美元，史玉柱的身家超过 500 亿。

　　生活在复杂的社会环境中，信息瞬息万变，总会遇到大小各异的矛盾、挫折和冲突，总会受到烦恼的困扰，这时就要充分发挥个体的积极主动性，通过自我调节和控制，提高心理健康水平，提高意志力，继而掌握与各种困难做斗争的主动权。

　　古语有言，塞翁失马，焉知非福？从某方面说，困境对我们来说也是一件历练意志的好事。唯有用坚强的毅力对待挫折与困境，才能让一个人变得强大。

　　不经历风雨，怎能见彩虹？没有坚强的毅力，也就不会有完美的人生。真正有成就的人，都能承受大起大落的历练，都能靠着坚强的意志力让自己东山再起。

# 钓鱼要有耐心，追梦要有恒心

同样是打工者，有人能始终如一地做好一份工作，并把辛苦所得源源不断地积累起来，家境越来越好。相反，有人却不断地跳槽，不是嫌工资低，就是嫌工种差，今天在这里蹭一下，明天在那里混一时，结果两手空空，劳而无功。为什么会出现如此悬殊的差距呢？原因就在于有没有恒心。

看过钓鱼的人都知道耐心的重要性，耐不住枯坐水边的孤寂，就钓不到鱼。而在追求梦想的时候，如果没有恒心，缺乏持续的努力，就不能实现梦想。

一个读书少年向陶渊明求教。陶渊明将他带到田边，指着尺把高的稻禾问："仔细瞧瞧，它现在是否在长高？"

少年蹲下，认真地盯着禾苗，看了半天，说："没有。"

陶渊明反问："真的没长高吗？那么，春天的秧苗是怎样变成尺把高的呢？"少年不解地摇头。

陶渊明开导说："其实，禾苗每时每刻都在生长，只是我们没观察到。读书学习也是这样。知识的增长是一点一滴积累的，有时自己都觉察不到。但只要勤学不辍、持之以恒，知识就能不断增加。所以，有人说'勤学如春起之苗，不见其增，日有所长'。"

接着，陶渊明指着地边的一块大磨石，问："那块磨石上为什么会出现像马鞍一样的凹面？"

少年回答："磨损的。"

"那你知道，它是在哪一天被磨损成这样的吗？"

少年说："不知道。"

陶渊明进一步诱导说："农夫每天都在它上面磨刀、磨镰、磨锄，时间长了，就有了这个凹面。学习过程也是如此。学习一旦间断，所学知识就会不知不觉地慢慢忘掉。"

这则故事告诉我们，不论做什么事，都要有恒心，三天打鱼两天晒网，只会一事无成。

恒心，是一种持久力，是一种不达目标不罢休的心理倾向。有恒心的人，即使失败千万次，也不会改变初衷。因为，他们拥有一颗坚韧不拔、锲而不舍的心。

巴菲特是一位传奇投资家，半个多世纪以来，巧妙抓住机会，获得了惊人的回报。巴菲特认为，自己之所以能取得成功，是因为专注。

　　小时候，巴菲特总是随身携带着自己最宝贵的财产——主动换币器。十岁时，父亲想带他出去旅行，他却请求去纽约证券交易所。

　　1991年美国独立日的周末，在《华盛顿邮报》主编的倡导下，巴菲特和比尔·盖茨终于会晤了。巴菲特很欣赏盖茨，知道盖茨是个聪慧的人，但他对盖茨兴趣寥寥。盖茨也是一样，对这种聚会并不感兴趣，因为他觉得和巴菲特那种拿钱选股票投资的人缺乏共同语言。从这一点上看，巴菲特和盖茨是一样的——对自己不感兴趣的事物，不愿意花费太多时间和精力。

　　在与盖茨的交流中，巴菲特和平常一样，直奔正题，他问了盖茨有关IBM公司将来走势的问题，还向盖茨询问了IBM是否已经成为微软公司不可小觑的竞争对手，以及信息产业公司更迭如此快的缘由。盖茨逐一做出了答复。接着，盖茨向巴菲特询问有关经济方面的问题，巴菲特直抒己见地表达了自己的看法。这就是伟大的人之间的交流，短短几分钟就能进入深刻交流的境界。两人越谈越欢，边走边谈，从花园走到海滩，直到太阳落山，鸡尾酒会开始，谈话还没有停止。

　　晚饭时，盖茨的父亲问了大家一个问题，人生最主要的是什么？巴菲特说："是专注。"巴菲特还说，"比尔·盖茨的答案跟我一样。"

　　专注是什么？专注，是对于完善的寻求，而且这种秉性是特有的，不是谁说模仿就能模仿得了的。专注，就是将自己的注意力全部集中到某事物上面，不被其他外物所吸引，不会把精力耗费于焦急之中。

只要抱着锲而不舍、持之以恒的精神，再难办的事情也会迎刃而解。相反，三天打鱼、两天晒网，即使是再简单的事，也会功亏一篑。

当然，并不是只要坚持下去就能取得胜利。比如，做一件事，虽然尽了最大努力，但最终还有可能会失败。但即使真正失败了，只要努力做好自己应做的事，只要用尽了全力，即使失败，你也是强者！

# 瞄准目标是成功的第一步

在射箭比赛中，无论你的弓拉得有多么满，箭射得有多么远，方向不对，也无法打中靶心。人生也是如此，成功的前提就是找到自己的目标。

史蒂文森曾说过："生活的目标是唯一值得寻找的财富。"拥有一份才能而专注于一个明确目标的人，所取得的成就往往会超过一个拥有十分才能却没有明确目标的人。因为，后者把精力分散到不同的事情上，还不清楚自己所要达到的具体目标，其实，即使是弱者，只要对目标有强烈的欲望，也能获取成功；即使是最强悍的人，对目标不管不顾，将自己的精力四处分散，也会一无所获、一事无成。

祖逖和刘琨都是晋代著名的将领，两人志同道合、趣味相投，都想为国家出力、干一番事业。两人白天一起在衙门里供职，晚上盖一床被子睡觉。

当时，西晋皇族内部争权夺利，周边少数民族乘机起兵作乱，国家安全受到严重威胁。祖逖和刘琨感到异常担心。一天半夜，祖逖被邻家传来的鸡叫声惊醒，便把刘琨踢醒，说："你听到鸡叫声了吗？"

刘琨侧耳仔细听了一会儿，说："是鸡在叫。不过，半夜鸡叫不吉利。"

祖逖从床上跳下来，表示反对："这不是不吉利，而是催促我们起床锻炼呢。"

刘琨也立刻穿衣起床，两人便来到院子里，拔剑起舞，直到天光大亮。后来，在收复北方的过程中，祖逖和刘琨都竭尽全力，做出了自己的贡献。

人生有了目标，生活才能有动力，才能有意义，才能有价值。古代的志士仁人在人生的道路上没有一位不具有明确的目标。屈原正是因为有了"齐家、治国、平天下"的目标，所以才能在奸佞当道的楚国，始终以"湘歌应识九歌心"的情志，用整个生命熔铸而成宏伟诗篇——《离骚》；司马迁正是因为有了撰写史学通著的目标，所以才能在酷刑的煎熬下，完成了名垂千古的《史记》。

人没有了目标就像苍鹰失去了眼睛，连飞翔都成了一件奢望的事情，更何谈遨游天宇、鹏程万里？

越国战败灭亡后，身为越王的勾践心中暗暗地刻着几个大字：复兴越国。他心中明确了一个坚定而有力的目标，于是每天苦读兵书，卧薪尝胆，毫不放弃。经过几年的努力，他实现了自己的目标。试想，如果勾践心中的目标不够坚定，对心中的目标没有强烈的欲望，他可能中间就放弃了，历史也将会被改写。

这些都说明了一个道理，成功的第一步就是要有坚定的目标，并对目标有强烈渴望。

目标感强烈，自然就会知道自己真正想要的是什么，并在行动上集中注意力、朝它靠拢。目标感差的人，虽然不缺乏目标，但无法排除情绪性感受对自己的影响，目标很难实现，最终也会一事无成。

目标感强的人，战术上也许会遇到一些挑战，可是会远离战略错误。他们可以在竞争中碾压没有目标感的人，这和能力没有什么关系，而是一种工作、学习的态度。所以，在竞争中，即使能力不占优势，在目标感上多集中注意力和精力，也能最终战胜对手。

在一次百人横渡琼州海峡的活动中，有二十多人在离目的地还不到两千米的地方放弃了比赛，原因是在夜晚他们看不见目标，他们的眼前只有一片黑暗。"使我放弃的不是疲劳，而是看不见目标的绝望。"一位队员无奈地说。试问，一个再有毅力的人，在看不见目标的情况下又能坚持多久？

目标是黑夜向白昼过渡时的第一缕曙光，目标是茫茫沙漠中惊现的绿洲，目标是重重迷雾中的夜明珠，目标是航行浩渺大海时的指南针。如果你不想碌碌无为地度过一生，那么，请你瞄准目标，因为它是你从平庸走向成功的第一步；如果你不想白白耗费自己的努力，那么，请你瞄准目标，因为它是指引你奋力前行的方向标。失去目标的生活，犹如没有罗盘的航行，失败是必然的结果。

奋斗是通向成功的道路，而成功又必须要有明确的目标和对目标的强烈渴望。所以，当你准备发出第一箭的时候，请注意瞄准目标！

## 第九章

# 行动

## 上天没给的，我们自己给

- 提前做好准备，关键时刻才能顶上去
- 别计较能获得什么，先做起来再说
- 做事充满激情，效率会更佳
- 拒绝拖延，做个高效率行动者

## 提前做好准备，关键时刻才能顶上去

在成功的道路上，个人的能力与努力非常重要。要想实现自己的理想，就要提前做好准备。默默地在脚下垫一些基石，努力提高自身，才能看到更远的风景，才能撷取挂在高处的果实。

一只野狼在草地上勤奋地磨牙，狐狸看到后非常不解，问："周围没有危险，你为什么要那么用劲磨牙？"野狼回答说："平时我把牙都磨好，关键时刻就可以保护自己了。"

"平时把牙磨好，关键时刻就可以保护自己"，这不就是我们常说的有备无患吗？即使是身处安全的环境，也不放松警惕，不断磨炼自己，遇到危险时就可以毫无顾忌地迎战。平时有所准备，遇到危险时就可以轻松一些。

举个最简单的例子，晚上睡觉之前将第二天要用的东西都准备好，即使第二天起床晚了，也可以轻松应对。这就是说，平时辛苦一些，努力一些，机会到来时，就可以直接迎上去，无论面对什么状况都能轻松应对。

拿破仑·希尔曾经说过："自觉自愿是种极为难得的美德，它驱使一个人在没有人吩咐应该去做什么事之前，就能主动地去做应该做的事。"早做准备，就能比别人更快地进入做事状态、更快地想出办法、更快地付诸行动、更快地达到目标。

俗话有言"笨鸟先飞早入林"，也有"早起的鸟儿有虫吃"的说法，即使自己不是"笨鸟"，也要提前行动，因为只有将事情提前做好了，才能比别人更早获得机会，从而比别人更早获得成功。

台上一分钟，台下十年功。很多人都羡慕别人的机遇好，羡慕他人的成功，但很少有人注意到他人背地里艰辛的付出。

众人所知的杨利伟，为什么能成为中国航天第一人？中国航天员的提拔要经过重重考验，可是他顺利地通过了一关又一关，赢得代表中华民族飞上青天的机会。这是因为他从小就是个对自己严格要求、不甘落伍的人。每次训练，他都会全身心投入，不断改进，练就了优良的成绩和综合素质。

由此可见，想要成功，想抓住机遇，就得提前做好准备。比如，提前提交工作成果，不仅能为自己留出更充裕的调整时间，也会增加上级对你的赞赏。世界上的一切美好事物都需要主动争取，机会总是属于那些跑在前面的人，因为只有走在别人前面的人才有机会紧握成功之手；只有凡事比别人提前一点，才会离成功更近一点。

未雨绸缪，有备无患，是个非常简单的道理，也是生活和工作不可或缺的原则。提前将某件事做好了，就不会因为没有准备充分而遇到问题，甚至自乱阵脚，使事情无法掌控，最终以失败而告终。

历史事实和实践一再证明，无论大事小事，要想做好，要想成功，都要提前做好准备。准备是成功的条件、是过程，成功是准备的目标、结果。准备犹如"十月怀胎"，成功只是"一朝分娩"。提前做好准备的人，并不一定都能获得成功；但是，获得成功的人，一定都是提前做好准备的人。

一家纽约公司被一家法国公司兼并，新总裁一上任就宣布了一个决定：所有员工都要进行法语测试，测试合格者才能留用。听到这项决定，所有的人都开始着急，迅速涌向图书馆，开始埋头学习法语。可是，有个年轻人却一点都不着急，仍然像平常一样，下班后直接回家。同事都以为，他已经准备放弃这份工作了。

在紧张的氛围中，大家参加完测试，令人想不到的是，年轻人居然得了最高分。原来，公司很多客户都是法国人，他不会法语，每次与客户的往来邮件或合同文本，都要让公司的翻译帮忙；如果翻译不在或顾不上，他的工作只能被迫停止。年轻人感受到了法语的重要性，便开始默默地自学法语。这次最高成绩的取得，就是他提前学习的回报，是他早有准备的结果。

这件事情虽然很小，但它却包含着深刻的哲理。不管是国家、企业，还是个人，要想在未来获得持续发展，要想争取主动，要想立于不败之地，要想取得非凡成功，就要提前准备、不懈努力。

准备，是对理想的坚定和执着追求，是知识的积淀、力量的聚合和条件的创造，是机遇的捕捉。成功不会无缘无故从天而降，也不是免费的午餐，不会不期而至，它都是需要用提前努力去准备的。

不要一味地埋怨世事多变，也不要烦恼他人的刁难，更不要惋惜和后悔已经失去的机遇，只要我们从现在开始，不屈不挠，不懈努力，时刻准备，成功总有一天会迎面而来。

# 别计较能获得什么，先做起来再说

面对同样一件事情，不同的人会做出不同的反应：有人感慨太难，觉得自己做不到；有人觉得肚子饿，想先填饱了肚子再做事；有人觉得自己一个人做不成，想要几个伙伴一起努力；有人则评估难易程度，迟迟不肯动手……事情已经摆在面前，为何还不动手！先做起来试试看，遇到问题随时解决，不是更好？想法再好，目标再伟大，不行动起来，也是零。

工作三年后，小周已在一家大公司有了像样的职位。之后，一次机缘，小周和朋友合伙创业，谁知不到一年，生意就做得风生水起，被业内喻为传奇。最后，小周干脆辞去工作，全职投入其中。

她的店里经常顾客如云。人们围着货架上的创意商品，频频发出叹息、惊笑声。看到小周那么年轻，大多数人都会情不自禁地总结："你的运气真好。"其实，她的秘诀就在于——一经决定，立刻行动。

要想解决问题，必须立刻采取行动，因为任何事情都不会自己解决。

每个人在一生中都会出现种种憧憬、理想、计划，如果能够将所有的憧憬都抓在自己手里，将所有的理想都通过自己的努力来实现，将所有的计划都执行到位，必然可以取得宏大的成就，我们的生命也会更有意义。如果身边有机会而不去抓住，心中怀有理想而不去努力，已经制定了计划而不去执行，只能坐等理想和计划的幻灭、消逝。

凡是有力量、有能耐的人，总会在每件事情尚新鲜及充满热忱时，立刻迎头去做。

有个关于猫和老鼠的故事众所周知：

有只真抓实干的黑猫，每天都能捉十多只老鼠，让老鼠们闻风丧胆。为了对付这只猫，老鼠们专门召开了研讨会，大家纷纷发表意见：有的建议加快研制毒药的速度，用毒药将猫毒死；有的说，大家一齐扑上去，把黑猫咬死。最后，老奸巨猾的鼠王提出了一个与众不同的想法："老鼠本来就是弱者，杀猫是不可能的。既然无法杀死它，就要想办法躲避它。咱们完全可以推选出一名勇士，让它神不知鬼不觉地在猫的脖子上挂个铃铛。这样，只要猫一动，就会有响声，大家就可以提前躲起来了。"老鼠们都觉得这是个不错的好方法，但怎样执行呢？高额奖金、颁发荣誉证书……可是想了很多方法，都没找到一个敢于执行这一决策的勇士。

故事中的老鼠很有想法，但缺少有效的执行，所以一直没能消灭黑猫。这个故事告诉我们：即使想法再好，不去行动，也只是空想。

有个美国人一直想到中国旅游，便设定了一个旅行计划。之后，他花费几个月的时间去搜集资料——中国的艺术、历史、哲学、文化。他研究了中国的各省地图，订了飞机票，还制定了一个详细的日程表。最后，他将自己要去观光的每个地点都标注出来，甚至还计划好了自己每个小时要去哪里。他将自己的计划告诉了好友，好友非常支持他。

按照计划表，他应该出去玩一圈回国了，一个朋友到他家做客，问："中国怎么样？"

他回答说："我猜想肯定不错的，但我没去。"

朋友大惑不解："什么？你花了那么多时间做准备，却没有去，出什么事啦？"

他回答说："我喜欢制定旅行计划，但我不愿去飞机场，所以待在家没去。"

听了这个故事，你有何感想？不管你的梦想多么美妙，计划多么周详，不采取行动，都只是一种空想。行动力是一个人不断地学习、思考，养成习惯和动机，进而获得成功的行为能力。行动力强的人，做事的主动性就高，他们会不断尝试，在"做"的过程中学习和提升，往往更能实现个人价值。

想要创业，只要条件基本上具备，就要先做起来，不要坐在那里琢磨会遇到哪些危险。最好的方法是，且行且看，一边做，一边应对。

想要学习，就要立刻制定计划，然后计划实施。不要总是抱怨自己学识不高，不要觉得自己做不到。只要有所行动，多半都会有所改变。

# 做事充满激情，效率会更佳

有些朋友经常会谈到这样一个问题：工作时间长了，对工作的好奇心、新鲜感逐渐消褪，激情也日渐泯灭，最终趋于平淡。每当这时，我都会对他们说：虽然我们过的是平凡的生活，从事的是平凡的工作，却不能平庸地去对待，应该拥有一点精神，保持一定的激情。

激情能够提高做事的效率，能够让人更快速地成功。那些对生活充满热情、激情的人，即使其他方面暂时看起来不是那么出色，以后也往往会有所成就。成功者通常不会无精打采，无论是学习、演讲，还是娱乐活动，他们总是充满了激情。

韩国出版市场研究所所长韩基浩曾说过："如果缺少激情，那么，做任何事情都会像是在服苦役。但是，如果你胸怀激情，即使是世界上最辛苦的事情，你也可以从中找出乐趣。激情能够让人跨越年龄的鸿沟，青春常驻；激情可以激发人的潜能，拥有改变世界的力量；激情能够让人的精神和信念得以成长。"

对于成功来说，激情是至关重要的。那么，到底什么是激情呢？从积极心理学的角度来说，激情是一种意识状态，能够鼓舞和激励一个人将心中的想法付诸实践，将手头上的事做得更好；激情能够缓解人的身心疲惫，集中人的注意力，发掘人的潜能，活跃人的思维。

激情存在于我们对所有事物的探索中，它是一切创造活动和工作的动力。激情是创新工作、追求卓越的动力所在，对工作没有激情，也就不会积极主动，到最后可能一事无成。

微软公司宁愿任用曾经失败的人，也不会聘用一个处处谨慎却毫无建树的人。

在对应聘人员面试时，微软会进行一个名为"挑战"的秘密测试。"挑战"的最早版本出现在口头进行的斯坦福—比奈智商测试中，测试者可能会听到一些没有标准答案的公开试题，例如：不用秤，怎样称出一架喷气式飞机的重量？答案并不唯一。被测试者给出自己的答案，并利用逻辑为自己的答案进行辩护，连续挫败两次"挑战"，答案才会被认为是正确的。如果被测试者不断地改变答案，得分为零，面试失败。

在整个面试过程中，考官会引导应聘者说出一些完全肯定、毫无争议的正确答案，然后说"等一下"，故意和他唱反调，直到应聘者能够充分证明自己答案的正确性为止。在这个过程中，如果没有激情，应聘者多半会选择放弃，而这样的人是绝对不会被录取的。只有富有激情的应聘者，才会始终坚持自己的立场，才可能被录用。

普通的微软员工是怎样看待工作的？一位微软的研究员总会在周末开车出门，去见"女朋友"。一次偶然的机会，曾在微软任职的李开复在办公室里看见他，就问他："你的女朋友在哪里？"他笑着指着电脑说："就是她。"

在微软，员工都想有机会参加全球性公司内部会议，这些会议对新员工更有着强大的震撼力：成千上万的人聚在一起交流，每个人的脸上都洋溢着对技术的痴迷和对客户的热情。会议通常会在大家的欢呼、眼泪下结束。

一位微软人说："没有这种热情，跟客户交流时，是很难说服他们的。这种热情就来自于某种内在的东西，在微软工作，热情与聪明同等重要。"

工作热情是一种洋溢的情绪，是一种积极向上的态度，更是一种高尚珍贵的精神，是对工作的热衷、执着和喜爱。它是一种力量，能让我们有能力去解决最艰深的问题；它是一种推动力，推动着我们不断前进；它具有一种带动力，洋溢于表、闪亮于言、展现于行，影响和带动着周围更多的人投身于工作中。

根据美国经济学家罗宾斯的理论：人的价值 = 人力资本 × 工作热情 × 工作能力。按照这个公式，如果没有工作热情，价值也就等于零。没有工作热情，工作时就会胡干乱干，只会坐在办公室中熬时间、躲检查、等吃饭、等工资、等休息……热情是推动工作的灵魂，在激情的支配下，身心的巨大潜力就会被调动，产生动力，创造奇迹。

希尔的写作通常都发生在晚上。一天，希尔工作了一整夜，因为太专注，觉得一夜仿佛只是1个小时，一眨眼就过去了。他又继续工作了一天一夜，除了停下来吃了点清淡食物外，没有停下来休息。如果不是对工作充满激情，希尔根本就不可能连续工作一天两夜而丝毫不觉得疲倦。

因此可见，激情并不是一个空洞的名词，而是一种重要的力量。

经常会听到有些人抱怨：工作单调乏味、提不起兴趣、任务太繁重、薪水太低、同事难相处、领导脾气不好、公司没有发展前途……大家有没有反思过：为什么你会有这么多抱怨？是什么让你在工作中变得麻木？是什么让你远离工作？曾经热情高涨的工作激情"跑"到哪里去了？是谁偷走了你的工作激情？

韩国通用集团总裁李采旭在《千金难买的激情》里提出："人应该充满激情地去面对生活，即便是微不足道的小事也不能例外。"正是因为他做到了这一点，他才拥有了现在的成功。在反反复复的日常生活和熟悉得不能再熟悉的职场中，我们的激情很容易被消磨殆尽。这时，我们应该想想自己当初澎湃的激情。

# 拒绝拖延，做个高效率行动者

人生在世，每个人都有许多憧憬与梦想，可是不管憧憬有多迷人，梦想有多美丽，缺乏必要的行动和努力，终究是白日梦一场。

你工作中是否常因一个三分钟便可以打完的电话犹犹豫豫、畏缩不前而导致一天心神不宁？是否常因一项任务拖延到最后时刻不得已潦草完成而后悔不已？是否因这样的犹豫那样的拖延致使到手的成功鸡飞蛋打而垂头丧气？

这些生活和工作中的常见场景发生的原因，归根结底就是一个词"拖延"。拖延症是工作生活中的顽疾，让我们因一次次的失去而扼腕叹息；拖延症是一次又一次失败的导火索，让我们养成懒惰、抱怨的恶习。

考察历史，我们就会发现，拖延症群体无疑是十分庞大的。也正因如此，"拖延症"才成了跨越各个年龄段、各个行业群体最有共鸣感的词汇之一。拖延症不光是现代人的顽疾，也困扰着历史上那些著名的大人物。比如，法国作家维克多·雨果为了克服拖延症，克制写作时想要外出的冲动，让家里人把自己的衣服都藏起来，自己赤身裸体地写作。

"天才"达·芬奇就是一个举世闻名的"拖拉机"。达·芬奇是个十分博学的人，他对建筑、解剖、艺术、工程、数学等多个领域都有涉猎和研究。因此，他就像一个因为燃料过剩而停不下来的火车，不停地有一些新想法冒出来，于是他总是在小本子上写呀写、画呀画，潦草记录下很多超越时代的想法：新型时钟、双身船、飞行器、军事坦克、里程表、降落伞、光学仪器、挪移河流大法仪……保存下来的整整有 5000 多页。不过，这个事实也反映了达·芬奇的注意力是很分散的。也是因为他的注意力分散，使之不能把精力完全花费在具体的目标上。更关键的是，他做事太拖拉，有的点子想了好些年，有的改了上千次，一个都没有实现。

此外，由于追求完美和不断有新的灵感到来，他画《蒙娜丽莎》用了 4 年，画《最后的晚餐》用了 3 年。

由于拖延，最终达·芬奇传世画作不超过 20 幅，并且其中有五六幅直到他去世还压在手里没能交付。在他去世 200 多年后，相关绘画的手稿才被后人整理成书，而他的更多科学方面的实践至今仍隐藏在那些草稿图中，不得不说是天才的遗憾。

达·芬奇本人亦为自己的拖延症苦恼，在一则笔记中他写道："告诉我，告诉我，有哪样事情到底是完成了的？"达·芬奇一边被"未完成"所困扰。他一边又有着一根筋的完美主义，太容易对一件事情产生兴趣，可如果有人逼迫，又很快产生厌倦。这种挫败感，与我们当今饱受拖延困扰的后世人类所体验到的真是别无二致。

如何告别拖延症，做一个高效率行动者？我们可以从下面的故事中找到一些启示。

清代文学家彭端淑在《为学》一文中写道：四川有两个和尚，一个贫穷，一个富有。穷和尚对富和尚说："我想去南海，怎么样？"富和尚说："您靠什么去呢？"穷和尚说："我靠着一个水瓶和一个饭钵就够了。"富和尚说："四川离南海几千里，我一直想雇船去，也没能成行。你只带两样东西不可能实现！"可第二年，穷和尚从南海回来了，并告知了富和尚。富和尚面露愧色。

富和尚为何去不成南海？用现代视角分析，正是因为拖延症。很多人都和跟文中的富和尚一样，常为自己的拖延找借口：等我思路清晰了再去完成这个重要工作、等我有时间再去探望朋友、等我精神好点再打这个电话、等我想明白了再跟家人谈谈……到最后却发现自己延误了最佳时机。

穷和尚的行动力恰恰为战胜拖延症提供了方法：先开始着

手去做！管理学家总结了一条行动力公式，叫"行动力＝（伙伴 × 方法）／目标"。回到故事里，富和尚有钱，可供选择的手段也比穷和尚多，比如租船。之所以最终没能成行，是因为他总想把任务一次性完成。而穷和尚则是先出发，边走边找资源来解决问题。他依靠饭钵、水瓶，沿途通过化缘来果腹、解渴，于是在"行动力公式"中就有了许多"伙伴"，一步步帮他到达目的地。此外，穷和尚并没有给自己设定一个到达南海的期限，而是设定了一个方向，这样没有很大的压力，可以从容开始。虽然花了一年多才从南海回来，但他最终做到了。

即使现在还没有很多可以为你所用的资源，比如没有伙伴，也缺乏方法，但你可以通过降低目标的期望值，或者把最终的目标切分为若干个小的目标，先行动起来。在行动的过程中，你会慢慢找到新方法，邂逅新伙伴，获得新助力，这也就是穷和尚能凭着一个水瓶一个饭钵去海南的妙处。

## 第十章

# 踏实

## 全世界都会为你的努力让路

- 工作中耍小聪明，最终只能耍自己
- 不抱怨，是对自己工作的最好尊重
- 别总把自己看成一个"人物"
- 认真做好工作中的每一件小事
- 每天多做一点，结果就会不一样

# 工作中耍小聪明，最终只能耍自己

看到一个人成功了，很多人都会说他很聪明。可是，很多人也非常聪明，为什么没有成功呢？主要就在于，聪明也有大小之分：大聪明和小聪明。大聪明的人，是真正聪明、有涵养的人；而喜欢耍小聪明的人通常都鼠目寸光、自以为是，其实往往都很笨。在如今这个社会，谁也不比谁傻多少，仅靠小聪明取胜，只能让人瞧不起。

经过多层筛选，招聘人员对最后五位学历、资质基本上差不多的求职者进行最后一轮的面试。

第一位求职者走进办公室，自我介绍后，招聘人员问："你认为，自己的缺点是什么？"

求职者条件反射地回答："我工作太认真投入，同事都说我工作起来不要命。"

"套路。"招聘人员有点好笑地看着应聘者，接着说，"工作投入是优点，你只需说出缺点就行。"

求职者没有太留意招聘人员的面部表情和口气变化，自信满满地对答，滔滔不绝："我是个急性子，做事都是今日事今日毕。但我不懂变通，坚持原则，容易得罪人。另外，我……"

招聘官抬起左手，示意他停住，面带鄙夷地说："可以了，谢谢。"

爱耍小聪明是成功的陷阱，在小事上喜欢斤斤计较，是不可能取得成功的。他们喜欢占便宜：占他人的便宜，占合作伙伴的便宜，占规则的便宜……结果，只能将自己的活动空间弄得越来越狭小，没人愿意接近他们。

读过《三国演义》的人，可能都会对曹操杀杨修的事件颇有争议，有人甚至还会说曹操太不容人，可是怎么不是杨修的小聪明害了自己？身居高位的曹操本来就对比自己聪明、有才能的人心生防备，自认为很聪明的杨修"揣测上意"，恰巧就撞上了曹操的枪口。

如果说，建造花园时工匠不知道曹操在园门上写的"活"字代表"阔"的意思，那么"一盒酥"发生在文武大臣都在的会客大厅，其他文官就看不出其中的蹊跷？恐怕不尽然。他们只是不想太过冒险跟曹操分羹而已。可是，"聪明一世"的杨修却直接分了曹操的酥。后来，杨修还用"鸡肋"扰乱军心，让曹操忍无可忍，杀之而后快。

对于我们来说，最优秀的品质有两种：善良与智慧。如果将智慧伴随在一起，便会生出大智慧；智慧若是与孤独同行，就只能是小聪明。人生需要的是大智慧，最忌讳的是小聪明。

林梅大学毕业后去了法国，开始半工半读的留学生活。当地公共交通系统售票处是自助的，无论想去什么地方，都可以根据自己的目的地自行买票，车站几乎都是开放式的，没有检票口，没有检票员，甚至连随机性的抽查也寥寥无几。

林梅很快发现了管理上的漏洞，凭着自己的"聪明"，精确地估算出：逃票而被查到的比例仅有万分之三。她为自己的发现而欣喜若狂，从那以后就经常逃票。她还为自己找了个宽慰的理由：自己是个穷学生，能省一点是一点。

四年过去了，林梅以优异的成绩从名牌大学毕业。她对自己充满信心，频频进入跨国公司的大门，踌躇满志地推销自己。开始时，这些公司都会热情地接待她，可是，几天之后则会婉言相拒。

面对一次次的失败，林梅感到异常愤怒，觉得这些公司一定有歧视倾向，排斥外国人。最后一次面试结束后，林梅问经理为何不录用她？结果却有了这样一段令人深思的对话：

"女士，我们没有歧视你，相反很重视你。你来求职时，我们都对你的教育背景和学术水平很感兴趣，不可否认，你的工作能力确实是我们需要的人。"

"那么为什么不录用我？"

"我们查了你的信用记录，发现你乘公交车逃票被处罚多达三次……"

"确实，我逃票被惩罚过。可是就是为了这点小事，你们就放弃一个多次在学报上发表过论文的人才？"

"小事？我们觉得这不是小事。我们发现，你第一次逃票发生在你来我们国家后的第一个星期，检查人员相信了你的解释。当时你说，自己不熟悉自助售票系统。结果，检查人员只是给你补了票。但之后，你又连续两次逃票。"

"那时，我正好没有零钱。"

"不，女士。我不同意你的解释，你在怀疑我的智商。我相信，在被查获前你可能逃票多达上百次。"

"为何这样认真？以后改还不行吗？"

"女士，此事证明了两点：一，你不尊重规则，你善于发现规则中的漏洞并恶意使用。二，你不值得信任，我们公司的许多工作都是需要依靠信任进行的，如果你负责了某个地区的市场开发，公司会赋予你许多职权。为了节约成本，我们无法设置复杂的监督机构，完全靠自觉，所以我们不会雇用你。"

林梅明白了这些，感到很后悔。可是，真正让她幡然醒悟的还是对方最后提到的一句话："道德能弥补智慧的缺陷，但聪明却永远填补不了道德的空白。"

林梅的失败，并不在于个人能力，而在于品行道德。即使你再优秀，如果人的品格出了问题，也会失去信任和支持。为人处世、建功立业都要凭本事和真心，输什么也不能输了人品。

不要认为自己了解很多面试常见的问题，就可以无往不胜了。你在查看，用人单位也在查看，任何企业都不喜欢能将网上的答案倒背如流的家伙。或者说，即使你真是这样的人，谁会要一个自以为是、自作聪明的人？在这个故事中，林梅是犯了耍小聪明的大忌。不要觉得只有自己聪明，他人好歹在职位上比你高，在经验上比你老道，怎么可能被一个后辈晚生所欺骗？

理由总是用不完的。无论你是职场新人，还是有经验的前辈，工作中都难免出现问题。出错不是问题，但不能给自己的错误不断找理由。首要任务是，查找到底是哪里出了问题。核对过后就可能发现，真的不是你的问题。如果确实问题出在你身上，就要努力改正它，然后吸取经验教训，争取在之后的工作中避免出现同样的问题。

能力不足努力凑。在这个世界上确实有聪明人、普通人和笨蛋的区别。有些事情，只要一提点，聪明人就会明白；普通人，则需要给他讲透；而笨蛋，更要掰碎了讲好几遍。工作和上学的区别就在于，工作不像学习那么难，大部分工作，正常人都能做好。一遍没有搞明白的事情，就做两遍；两遍不行，就做三遍。脑子不够，笔头凑。时间长了，工作自然就做好了。

抖包袱可以，但不要抖机灵。聪明人工作时都很容易上手，可是聪明也是一把双刃剑。抖机灵，招人烦。你抖机灵，就会将别人当傻瓜，会直接导致别人暴起。暴起的后果就是杀之而后快。踏实工作，比什么都重要。

态度端正会带来额外加分。对于工作，态度比能力更重要。能力可以靠经验来弥补，工作态度有问题就是大问题。因此，不仅要把事情做完，还要努力做好；自己出错，要敢于承认，不偷奸耍滑。

# 不抱怨，是对自己工作的最好尊重

在一个大城市的标准商务区，有着这么一家便利店，里面有可口的鱼丸粗面，也有香喷喷的包子馒头，即便是夏天热得无处纳凉的时候，还能到那里吃根雪糕吹吹空调。

可是这样一个门店，既坐拥黄金地段又兼有络绎不绝的人流，而且还是 24 小时不间歇营业，但生意就是不温不火。

记得有一天的早上去买早餐，上班八九点的高峰期，来买早餐的人来来回回一下子就把小店铺挤得水泄不通。可是收营员却一点紧张的意思都没有，反而开着手机免提和电话那头的朋友大声地聊天，顺道抱怨着工作生活中各种零碎小事，完全不顾及等待买单的顾客那一脸的尴尬与烦闷。

"刚刚那个人连微信付款都不会用，真是笨死了。"

"都说了付款的货物一概不退不换，你还不明白吗？"

"真倒霉，昨天回去在路上堵了快一个小时了！"

……

在一个工作高峰期的时段，一边工作，一边开着免提和朋友漫不经心地聊天唠嗑，更重要的是没完没了地抱怨和吐槽，这样的行为真是对自己的工作最大的不尊重了。

爱因斯坦曾经说过，"不要抱怨生活，那只能说明你的无能。"强者从来不抱怨生活。因为抱怨改变不了任何事情，反而会影响人的情绪和心智。

同样地，在工作当中无论谁都不喜欢爱抱怨的人，他们除了将自己对生活和工作的不满诉诸他人，使自己的心灵得到慰藉，然后继续浑浑噩噩地生活以外，实在没有任何实际意义。

强子是一个工作能力很强，资源和人脉也很丰厚的人。但他在工作中有爱抱怨的毛病，后来发展到鸡毛蒜皮的小事都能斤斤计较，抱怨老半天，全然不见一丁点男子气概。从领导爱挑剔的癖好到合作客户的无理要求，从同事做PPT的小瑕疵到行政做的通告出现错别字，都经常被他抱怨个遍，常常弄得尴尬不已。

就这样，他得罪了工作中所有的同事、领导，甚至影响了公司的合作伙伴，可是他还是改不掉自己爱抱怨的坏毛病。最后，公司领导忍无可忍，只能让他离职走人。

每天高强度的开会工作和头脑风暴都已经让人头昏脑涨了，如果再来一个如鹦鹉般整天呱呱不停抱怨的人，任谁都不能忍受吧？

　　三毛说过："偶尔抱怨一次人生可能是某种情感的宣泄，也无不可，但习惯性的抱怨而不谋求改变，便是不聪明的人了。"

　　在工作中，偶尔或善意的吐槽有助于转移和抒发不良情绪，以便更好地投入工作。但漫无目的的抱怨只能让自己陷入无助的泥潭，更给人一种幼稚可笑、守不住秘密的尴尬印象。更要命的是，有些人自己抱怨完了，将自己满肚子的怨气发泄给别人，却丝毫不顾及别人的感受。

　　翻开今天的微博、朋友圈，你会发现很多人都生活在抱怨的世界里，小至堵车、雾霾，我们会有诸多不满；大到对社会现象、国家政策，愤懑不平。在爱抱怨的人看来，世界永远都是那个不好的世界。殊不知，很多时候，世界对你的态度取决于你对它的态度。所以，不要总是困于自我，带着抱怨的心看待周围的人和事。

　　对于每一个身处职场的人来说，在工作中难免会抱怨，抱怨公司制度不完善，抱怨项目难度大，抱怨工作环境糟糕。但到最后你会发现这些抱怨都无济于事，虽然可能会收获一时的痛快，后来却会遭受更大的痛苦。这是因为习惯性抱怨会使我们丢失责任感和使命感，只对寻找不利因素兴趣十足，也使得自己的职业道路越走越窄，不断退步。

　　事实上，事业成功的人很少会经常大发牢骚、抱怨不停，因为他们都明白这样的道理：抱怨如同诅咒，咒怨越多痛苦越多；与其抱怨坠入痛苦之中，不如提高自己飞翔高空。

富兰克林曾在其自传中写道："我未曾见过一个早起、勤奋、谨慎、诚实的人抱怨命运不好，良好的品格，优良的习惯，坚强的意志，是不会被所谓的命运打败的。"

我们都应该知道，唯有不断投资自己、增值自己和升级自己，使自己变得更加强大，才能解决问题。

或许正如马云说的那样，我感谢这个变化的时代，我感谢无数人的抱怨，因为在别人抱怨的时候，才是你的机会，才是每一个人看清自己有什么要什么该放弃什么的时候。

在别人抱怨的时候，也正是你异军突起的时候。

在别人抱怨的时候，也正是你机会来临的时候。

在别人抱怨的时候，也正是你弯道超车的时候。

工作，其实是一次可以选择的旅程，就算我们无法把控环境和他人，但我们始终都可以把控自己。在你的手中，始终拥有颠覆平庸走向成功的王牌，那就是不抱怨。

# 别总把自己看成一个"人物"

将自己看得太重，就会以自我为中心，觉得自己了不起，别人忽视了自己，就会心生不满。其实，在这个世界上，任何人都没有那么重要，将自己看得轻一些，踏实做事，才会获得成功。

骆驼经过千辛万苦终于穿过了沙漠，一只苍蝇趴在骆驼背上也过来了。

苍蝇讥笑骆驼说："谢谢你辛苦把我驮过来。再见。"

骆驼看了一眼苍蝇，说："你在我身上时，我根本就不知道，你现在要走，也没必要跟我打招呼。你没那么重的重量，别把自己看得太重，你以为你是谁？"

在这个故事里，骆驼简直就是个"大家"——"别把自己看得太重，你以为你是谁？"连骆驼都懂的道理，难道你还不明白？不管你觉得自己多么了不起，也永远有人比你更强。

一个老板开了个养生堂，招聘了几个人。刚开始，老板很关心那些人，员工也很努力，养生堂不久开始盈利。老板赚了一点钱后，觉得自己很了不起，就开始教训下属。

一天，他跟员工说："你们一定要给我好好干活，我是养你们的，如果不好好干，我就扣你们工资。"

员工听了，心里感到很不舒服，说："你应该给我们多加工资，是我们在养你、在帮你赚钱。"

老板听了很生气，大骂说："滚。"

员工觉得老板不可理喻，便结账后离开了养生堂。于是，养生堂变成了空架子，老板这才觉得是自己根本离不开员工。

太看重自己的老板，留不住员工；忽视他人的人，无法得到他人的认可。因此，一定不要将自己看得太重，因为在他人眼里，即使你做得再好，也只是个配角。

一个人的轻与重，贵与贱，不是自己能订下标准的。平静谦和，不事张扬，才是最重的分量。社会中藏龙卧虎，在任何地方都会隐藏着"高手"，在这个"人外有人，天外有天"的社会中，千万不要对自己有太高的评判。

总是将自己的头高高地昂起，给人一种盛气凌人的感觉；以为天下只有自己博学多才，满腹经纶，喜欢别人听他的大论大理，一旦遇到不如意，就会心生抱怨……这些人之所以会抱怨，就是因为把自己看得太重，心理失去平衡。

学会看轻自己，并不是消极心态，而是一种大智慧，因为只有学会看轻自己，才能轻松地踏上人生的征程。自视甚高，觉得自己非常出色，看不到别人的长处与优点，很可能把自己带进死胡同。只有保持低姿态，学会自我否定，才能不断历练自己。只有这样，面对挑战时，你才能沉着应对；面对挫折时，你才能一笑而过。

据说，有一次一位贵妇人看到俄国文学家列夫·托尔斯泰过来，看到他穿着朴素，便让他帮搬运工搬箱子。托尔斯泰欣然同意，愉快地完成了工作，并得到一卢布的报酬。

后来，贵妇人知道这个搬运工是托尔斯泰，羞得满脸通红，想要跟托尔斯泰要回那一卢布，托尔斯泰却泰然地说："这是我的劳动所得，和稿费同样重要。"

无独有偶！美国前总统里根在当总统期间，听说有个叫比利的男孩身患重病，不久于人世。孩子最大的愿望是做总统，里根便将他请到白宫，让他坐在椭圆形办公室里，亲自给孩子做助手，帮他处理公务，直到这一天结束。

正因为托尔斯泰和里根在心里不把自己的身份看得太重，才能始终平静谦和，不事张扬，赢得世人的广泛尊重和爱戴。

这两个故事很简单，可是它们却告诉大家：必须正确认识自己，不要把自己看得太重。世界上每个人都很重要，一个人可以自信，但不要自大；可以狂放，但不能狂妄；可以健康长寿，但不能万寿无疆；能够力挽狂澜，但不能再造乾坤。别把自己看得太重，因为你不是那么不可代替。

每个人都有自己的小圈子，如果具有一定的能力和才华，在自己的圈子中就容易得到朋友的赏识和尊重，过上"众星捧月"的日子，但是在其他地方如果也是这样做，就很容易令人生厌。

老王是出了名的聪明能干，很多人都找他帮忙，时间久了他自己也有些飘飘然。

一天，有人来找他帮忙。老王笃定只有自己能帮他，便摆出一副傲慢的姿态，话说得也不好听。来人很生气，立刻离开，另找他人帮忙，结果事情很快就顺利办完了。老王这才意识到，原来自己根本没有想象的那么重要，自己会做的事别人也会做。

离了谁，地球都会照样转，别人没有你，照样能办成事情，会过得很好，不要将自己看得太重，不要觉得自己高人一等。在这个竞争极为激烈的时代，最不缺的就是能人，不管你多能干，总会被替代。

一个年轻人跋涉千里来到一座寺院，对住持释圆大师说："我想认真学习丹青，但至今也没找到一个能令我满意的老师。"

释圆大师笑了笑，问："你走南闯北十几年，就没遇到让自己满意的老师？"

年轻人深深叹了口气说："许多人都是徒有虚名，我见过他们的画，有的人画技还不如我呢。"

释圆大师听了，淡淡一笑说："老僧虽然不懂丹青，但也很喜欢收集名家精品。既然施主的画技不比那些名家差，就烦请施主为老僧留下一幅墨宝吧。"说着，便吩咐一个小和尚拿了笔墨砚和一沓宣纸。

释圆大师说："老僧的最大嗜好就是爱品茗饮茶，尤其喜爱那些造型流畅的古朴茶具。施主可否为我画一个茶杯和一个茶壶？"

年轻人听了，说："这还不容易。"于是，研了一砚浓墨，铺开宣纸，寥寥数笔，就画出一个倾斜的水壶和一个造型典雅的茶杯。那水壶的壶嘴正徐徐吐出一脉茶水来，注入到了那茶杯中去。

年轻人问释圆大师："您对这幅画满意吗？"

释圆大师微微一笑，摇了摇头，说："你画得确实不错，只是把茶壶和茶杯放错位置了，应该是茶杯在上，茶壶在下。"

年轻人听了，笑道："大师为何如此糊涂，哪有茶壶往茶杯里注水，而茶杯在上茶壶在下的？"

释圆大师听了，又微微一笑说："原来你懂得这个道理啊。你渴望自己的杯子里能注入那些丹青高手的香茗，但你总把自己的杯子放得比那些茶壶还要高，香茗怎么能注入你的杯子里？只有把自己放低些，才能吸纳别人的智慧和经验。"

江海之所以能成为百谷之王，就是因为知道自己身处低下，能够张开胸怀处事不争。同样，要想拥有辉煌宏大的事业，首先就要拥有像江海一样的心胸和肚量，不能将自己看得太高、太重。

# 认真做好工作中的每一件小事

毛竹是一种生长在我国及其他一些亚洲国家的竹子，在它生长的最初五年里，人们根本就感觉不到它的生长，即使生存环境很理想，情况同样如此。可是，只要过了这五年，它就会像被施了魔法一样，以每天两英尺（1英尺约等于0.3米）的速度生长，用不了6个星期，就可以长到90英尺，让其他竹子望尘莫及。

为了搞清楚这一现象，科学家经过多天的观察和研究，他们发现，其实毛竹一直都在生长，只不过不是在长枝干，而是在长根部。生长五年，毛竹的根部会延伸到几英里。它在这五年的时间里积蓄了足够的能量，最终就能创造出令世人赞叹的奇迹。

在这个世界上，很多所谓的奇迹都是在一夜间爆发的。可是，只要认真观察就会发现，无论是奇怪的事情，还是奇异的个人，背后往往都有超出常人的付出。

成功在于积累！踏实地干下去，默默地积攒能量，无声无息地养精蓄锐，当你的根基远超过别人时，奇迹自然就能发生在你身上。

做事态度可以将一个人跟其他人区别开来。每个人做事的方法不同，得到的结果自然也就不一样：有的人会变得更灵活开明，有的人会变得更紧张狭隘，有的人会走向巅峰，有的人则会跌入谷底。人的一生都是由无数件小事构成的，我们需要做的就是认真做好每件事。

工作中无小事，生活中也无小事。所有的成功者，和失败者一样做着简单重复的工作，但前者和后者的唯一的区别在于——他们从来不觉得自己做的事情是简单的小事。

在美国一家石油公司有个小员工，名叫阿基波特。阿基波特有个奇怪的癖好，出差住在旅馆时，他签完自己的名字后，会在下边写上"每桶油4美元"。不仅如此，他还会在收据、书信，以及所有能够签写的地方写上这句话。同事们笑他："你简直就是'每桶油4美元先生'。"时间长了，大家都叫他这个绰号，有些人甚至还忘记了他的真名。

董事长听说这件事后很高兴，开会时对其他员工说："我们公司竟然有这样的员工，这么努力地为公司做宣传。我一定要见见他。"当天晚上，董事长约阿基波特共进晚餐。多年以后，董事长卸任，阿基波特接任董事长。

不可否认，正是一件小事，正是阿基波特坚持做的一件小事，才让他取得了成功。做事情时，不要管他人的嘲笑，不要在意他人的不理解，不要管他人的能力有多强，只要努力地做好每一件事，就会获得成功。

海尔公司前总裁张瑞敏先生说过："把每一件简单的事做好就是不简单，把每一件平凡的事做好就是不平凡。"工作成绩的好坏，主要取决于工作态度，而不是那些所谓的高学历、高水平等要素。工作态度是一面镜子，能够照出一个人的内心世界，可以反映一个人的精神面貌和思想品德。

周老板的家具生意逐渐形成规模，而他之所以能取得这样的业绩，离不开木匠老李的努力。老李是当地有名的一个木匠，手艺精湛，很多同行都拜他为师。75岁时，老李觉得自己该退休来安享晚年了，便对周老板说："我想退休了。"

周老板客气地说："您这几年为厂子做出了卓越的贡献，我实在舍不得您离开，可是，岁月不饶人啊，我也希望您能安享晚年。您看这样好不好，您离开之前，再打造一套家具，12件的那种高级组合家具。"

周老板花费5万块钱买来家具木材，老李开始着手打造这一套家具。可是，老李每天都想着退休以后的生活，心思已经不在家具上了，开始偷工减料，做工也很粗糙。

没过多久，家具打造完毕，老李对周老板说："这次打的家具，因为设计特别，剩下不少木材。"

周老板看看老李，笑着说："好，辛苦你了。"然后，他将工厂所有的工人师傅都召集到一起，当着他们的面说："老李，这么多年，辛苦你了，这套家具，就送给你做个纪念。"听了这话，老李愣住了。他的不用心到头来还是苦了自己。

故事有点诙谐，有些人甚至还会为老李感到惋惜。可是，惋惜之余，相信很多人还会责怪他。一辈子都做得那么好，为什么不做好这最后一件事？那件没有用心做好的事，最终造成了无法挽回的恶果。

认真做好每一件事，是获得真正成功的诀窍。每件事情都不允许我们轻视，即使是最普通的事情，也应该全力以赴，尽职尽责。

日本东京有一家贸易公司，李女士专门负责为客商购买车票，她经常给德国一家大公司的商务经理购买来往于东京、大阪之间的火车票。很快，这位经理就发现了一件趣事：每次去大阪时，他的座位总在列车右边的窗口；返回东京时，总是靠左边的窗口。

经理问李女士究竟是怎么回事，李女士回答说："车去大阪时，富士山在您的右边；返回东京时，山在您的左边。我想，外国人都喜欢日本富士山的壮丽景色，所以我替您买了不同位置的车票。"

这件不起眼的小事，让这位德国经理深受感动，他将对这家日本公司的贸易额由 400 万马克提高到 1200 万马克。因为他觉得，在看似不值得用心的小事上，员工都能想得这么周到，跟他们做生意绝对可靠！

通过一件小事，成就了一桩大生意，确实很划算。

确实，工作中的所谓大事，都是由一件件的小事组成的，把微不足道的小事都做好了，大事也就做成功了。

工作并不需要什么豪言壮语，需要的只是始终如一地把所有小事做到尽善尽美，不出差错。坚持把每件小事做好，就会得到领导的信任和赏识，更能做出成绩。不屑做工作中的小事，也就失去了做大事的机会；连小事都做不好，谈何做成大事？

不重视工作中的小事，没有做小事成功的经历，是很难获得做大事的机会的；即使有了做大事的机会，没有做小事的经验，也不一定知道从何处着手。因为做事的技巧和方法，都需要在平时做小事时培养和建立。

作为普通员工的一员，对于工作中琐碎的、繁杂的事务，要花大力气把它做好，要努力把工作中的小事做得尽善尽美。不管是大事，还是小事，反映的都是一个人对工作的认识和态度。重视每件小事并努力做好，对于由小事组成的大事定然能做好。

## 每天多做一点，结果就会不一样

　　产品的极致与完美取决于工匠的付出，而工匠付出的汗水与执着的程度成正比，付出得越多，作品必然越精美。可是，罗马不是一天建成的，真正精湛的手艺、精美的作品，不是一天能完成的，真正的技艺和作品都需要经过一个漫长的完善过程，需要长期努力和奋进。

　　成功的最快途径是勤奋。每天多做一点，每天多努力一点，会让你的天赋最大限度地发挥出来。只要比他人多留心一点、多付出一点，就会获得超常的成果。其实，平庸者与卓越者所做的事情都差不多，不同的是，追求卓越的人更懂得处处留心。

　　办公室的工作不仅烦琐，而且要求很精细，小吴调到办公室后，为了不让自己因为粗心而影响了企业的声誉和形象，他每天都尽量多做一些工作，将每件事都做到精细；每天早上，他都会认真检查一下自己前一天的工作任务是否完成，梳理今天多件事情的轻重缓急，在大脑中形成初步安排。

　　一天，小吴用完午餐后直接来到办公室，随手拿起一份刚下发给全公司的文件看起来。这一看，他发现，已下达的文件居然出现了两三处明显的错误。

　　在办公室工作一段时间后，小吴发现：公司各部门负责写材料的人员，写作能力和水平参差不齐，急着赶时间写材料，经常会出现各种错误，比如，句子不通顺、用语不规范等。

　　于是他想：文件虽然不是自己起草的，但最终得由办公室盖章签发，自己是办公室成员，有责任维护办公室形象。想到自己的语文功底确实不错，校对文件也是自己的专长，小吴便利用中午的休息时间，对文件进行了校对，之后重新下发，同时将已下达的文件收回。

　　这件事情发生后，小吴主动地承担起了办公室的全部文字校对任务，需要盖章签发的文件他都会认真核对几次。有些部门来盖章的人员有时等急了，会抱怨几声，可是小吴还是一如既往地认真对待每一份需要盖章签发的文件。

　　在小吴的严格把关下，公司签发的文件越来越规范和严谨。同时，由于频繁地接收各种文件，学习各种公文的写作格式，小吴的公文写作能力也得到了显著提高。他也以最快的速度了解了公司的发展动态，明确了自己为公司服务的信心。

　　尽职尽责完成自己工作的人，是称职的；在自己的工作中处处留心，就可能成为优秀者。要想从工作中得到乐趣、取得成功，只需要多做一点；即便不是自己分内的事，也要多做一点，成为工作的主人。

著名投资专家约翰·坦普尔顿提出过一条定律，叫"多一盎司"。他认为，中等成就的人与有突出成就的人，从事的工作在量上并没有明显差别，动力差也很小，如果要具体量化，区别可能只有"一盎司"。这就告诉我们，要想取得成功，只要比他人勤奋一点、多做一点即可。

"多一盎司"就是比别人多做一点点，要做到这点并不难。我们已经付出了99%的努力，完成了大多数工作，再多做一点，又有什么困难？但其实，我们缺少的往往就是那一点点所需要的责任和决心。

每天多做一点，是一个亘古不变的法则。任何事情的完成，都需要我们多做一点，比如：对工作认真一点、多做一点；甚至接听电话、整理报表，只要多做一点，提高其完善程度，也能获得多倍的回报。

每天多做的一点，是走向成功的有效途径。事实表明，在商业界、艺术界、体育界等领域，优秀者跟普通者的区别，也只是多努力、多勤奋一点点而已。比如，提前上班，早点到公司，首先说明你重视这份工作；而且提前十几分钟到达公司，就可以对一天的工作做个规划，当同事还在考虑应该做什么时，你已经开始做了，长久下去自然就走到了别人的前面。

洛·道尼斯刚开始为杜兰特工作时，职务很低，如今已经成为杜兰特先生的得力干将，是下属公司的总裁。他之所以能在如此短的时间里实现快速升迁，秘诀在于——每天多干一点。

刚开始为杜兰特先生工作时，道尼斯就注意到，每天下班后，所有人都回家了，杜兰特依然会留在办公室继续工作。道尼斯很佩服他，决定下班后留在办公室。虽然没人对道尼斯提出这样的要求，但他认为自己应该留下来，在杜兰特需要帮忙的时候，自己可以上去搭把手。

工作时，杜兰特先生总要找文件、打印材料，最初这些工作都由他自己做。很快他就发现，道尼斯也在加班，随时在等待他的召唤，之后逐渐养成招呼道尼斯的习惯。

就这样，道尼斯主动留在办公室，让杜兰特先生随时可以看到他，结果获得了更多的机会，最终获得了更快的提升。

每天多做一点，看起来似乎微不足道，但经过不断的积累，就会聚集起一笔很大的财富。因此，无论是谁，在认真对待工作的时候，都要时刻提醒自己："我能否为工作多付出一点？"

"每天多付出一点"这种积极主动的工作态度反而会让你更敏捷主动，更能给自己的提升创造更多的机会，结果自然会变得大不同。优秀者与普通者的区别并不大，主要体现在一些小事上。要想在最短的时间里取得成功，就要比他人多做一点，查阅资料多花几分钟，电话多打几个，每天多想想工作……仅此而已。